普通高等教育“十四五”规划教材

智能燃气门站实训操作指南

刘小晖　主编

中国石化出版社
·北京·

内 容 提 要

本书介绍了智能燃气门站的基础知识；重点阐述了智能燃气门站的构成与功能，包括模拟站的具体参数、主要工艺设备以及橇装式调压计量门站的详细功能；同时重点介绍了作为学生实践操作平台的实训室。

本书内容全面且实用性强，可作为高校油气储运等相关专业的教材，也可以为城市燃气行业的从业者及科研人员提供宝贵的参考和指导。

图书在版编目(CIP)数据

智能燃气门站实训操作指南 / 刘小晖主编. — 北京 : 中国石化出版社，2025. 4. —（普通高等教育“十四五”规划教材）. — ISBN 978-7-5114-7877-1

Ⅰ. TU996-39

中国国家版本馆 CIP 数据核字第 2025K9F759 号

中国石化出版社出版发行

地址：北京市东城区安定门外大街 58 号

邮编：100011　电话：(010)57512500

发行部电话：(010)57512575

http://www. sinopec-press. com

E-mail：press@ sinopec. com

北京科信印刷有限公司印刷

全国各地新华书店经销

*

787 毫米×1092 毫米 16 开本 8. 25 印张 188 千字

2025 年 4 月第 1 版　2025 年 4 月第 1 次印刷

定价：38. 00 元

前　言

天然气作为一种清洁、高效的能源，其主要由甲烷等低分子烃类和非烃类气体混合而成，具有广泛的用途。它不仅可以作为燃料用于居民生活、工业生产、交通运输等领域，还可以作为化工原料，用于制造乙醛、乙炔、氨、炭黑等化学产品。因此，天然气的稳定供应对于保障国家能源安全、促进经济可持续发展具有重要意义。

天然气门站作为城市燃气系统的重要组成部分，扮演着长距离输气干线终点站的关键角色，是确保城镇及工业区天然气稳定供应的基石。随着天然气资源的不断开发和利用，天然气门站的建设和管理日益成为保障城市能源安全、促进经济社会发展的重要环节。

天然气门站的主要任务是接收长输管线输送来的天然气，在站内进行净化、调压、计量、气质检测和加臭等处理后，送入城市输配管网或直接送入大型工商业用户。这一过程中，天然气门站需要确保天然气的气质符合城市燃气标准，同时根据城市燃气需求进行压力调节和流量控制，以保证天然气的稳定供应。

在天然气门站的建设和管理中，安全性和高效性是两个至关重要的方面。安全性方面，天然气门站需要严格遵守国家相关标准和规范，确保站址选择、平面布置、工艺设计、防火措施等均符合安全要求。同时，还需要建立完善的安全管理制度和应急预案，以应对可能出现的各种安全风险。高效性方面，天然气门站需要采用先进的工艺技术和设备，提高天然气处理效率和供应稳定性。此外，还需要加强人员培训和管理，提高员工的专业素质和安全意识，确保天然气门站的稳定运行。

随着天然气工业的快速发展和城市化进程的加速推进，天然气门站的建设和管理面临着新的挑战和机遇。一方面，需要不断提高天然气门站的技术水平和管理水平，以适应天然气需求的不断增长和供应结构的不断变化。另一方面，也需要加强天然气门站的智能化和信息化建设，提高自动化程度和数据处理能力，为城市燃气系统的优化调度和智能管理提供有力支持。

本书正是在这样的背景下应运而生的。本书的编写旨在提供一个全面、系统、实用的智能燃气门站实训操作指南，以满足相关专业教学和技能培训的需求。本书在编写过程中，充分考虑天然气门站的实际情况和操作流程，结合最新的技术和设备，对智能燃气门站的各个模块进行了详细介绍和说明。同时，本书还通过具体的实训案例和操作步骤，使读者能够更好地理解和掌握智能燃气门站的操作技能。本书内容涵盖天然气门站的基本概况、智能天然气门站的介绍、工艺流程及模块划分、主要设备的供货范围及安装要求、常见故障的处理、实训室建设的重要性等多个方面。在编写过程中，编者力求语言简洁明了，内容实用易懂，以便读者能够快速上手并应用于实际工作中。本书还特别强调了实训室建设的重要作用。实训室不仅为学生提供了一个运用所学知识与技能进行实践操作的平台，还提供了安全的实践环境和创新能力培养基础。同时，实训室也为科研人员提供了一个交流和合作平台，促进了教学和科研的紧密结合。

本书第 1 章由范志刚编写，第 2 章由刘玉辉编写，第 3 章由敬天全、叶茂编写，第 4 章由柳晓萌编写，第 5 章、第 6 章由邓育轩编写，第 7 章由王景巍、刘小晖、袁海编写，全书由刘小晖统稿。

我们希望通过本书的出版，能够为相关专业教学和技能培训提供有力支持，为推动天然气门站建设和管理水平提升做出积极贡献。同时，我们也期待广大读者在使用过程中提出宝贵意见和建议，以便我们不断完善和更新本书内容。

目　录

第1章　天然气与天然气门站概况 …………………………（1）
1.1　天然气…………………………………………（1）
1.2　天然气门站……………………………………（5）

第2章　智能天然气门站 …………………………………（9）
2.1　智能天然气门站工艺……………………………（9）
2.2　调峰站与储罐工艺………………………………（10）
2.3　智能燃气门站实训室的必要性…………………（11）

第3章　天然气门站模块 …………………………………（13）
3.1　调压模块…………………………………………（13）
3.2　计量模块…………………………………………（19）
3.3　过滤模块…………………………………………（22）
3.4　加臭模块…………………………………………（25）
3.5　调峰站模块………………………………………（28）
3.6　加热模块…………………………………………（30）

第4章　LNG瓶组气化站 ………………………………（32）
4.1　国内LNG气化站的规模及布局概况 ……………（32）
4.2　LNG工艺流程……………………………………（34）
4.3　LNG瓶组种类……………………………………（35）
4.4　LNG瓶组工艺流程………………………………（35）
4.5　LNG瓶组设备……………………………………（36）
4.6　LNG瓶组设备运行安全…………………………（39）

第5章　天然气门站安全操作规程 ………………………（40）
5.1　电工安全操作规程………………………………（40）

5.2　电焊工安全操作规程……（40）
5.3　户内管线安装操作规程……（41）
5.4　户内管线带气维修操作规程……（42）
5.5　门站(调压站)运行操作规程……（42）
5.6　门站(调压站)设备维护规程……（42）
5.7　门站电气安全操作规程……（43）
5.8　泄漏应急处理操作规程……（44）
5.9　火灾应急处理操作规程……（45）
5.10　其他情况现场应急处置措施……（46）
5.11　燃气调压工安全操作规程……（46）
5.12　管道安装工安全操作规程……（47）
5.13　燃气用具安装、检修工安全操作规程……（47）
5.14　管线巡检操作规程……（48）
5.15　电气操作安全规程……（48）
5.16　阀井操作与维护规程……（49）
5.17　户内送气置换点火操作规程……（51）
5.18　检修更换阀门、膨胀节、拆卸盲板安全操作规程……（52）
5.19　管道放散降压安全操作规程……（52）
5.20　公福户检查安全规程……（53）
5.21　过滤器的操作维护规程……（53）
5.22　调压橇安全操作规程……（54）
5.23　切断阀操作规程……（58）
5.24　单体调压器操作维护规程……（59）
5.25　可燃气体报警装置操作规程……（62）
5.26　流量计操作与维护规程……（63）
5.27　消防设备操作与维护规程……（65）
5.28　电锤操作维护规程……（66）
5.29　PE 电熔焊机操作维护规程……（68）
5.30　PE 热熔焊机操作维护规程……（69）
5.31　电动套丝机操作维护规程……（70）
5.32　手提式可燃气体检漏仪操作维护规程……（72）
5.33　发电机操作与运行……（72）
5.34　用户入户安检操作规程……（73）
5.35　加臭装置操作规程……（75）
5.36　干燥塔操作规程……（76）

第 6 章　门站应急处置 …………………………………………………………… (78)
6. 1　门站危险有害因素辨识 …………………………………………………… (78)
6. 2　事故风险分析与评价 ……………………………………………………… (84)
6. 3　门站应急预案 ……………………………………………………………… (112)
6. 4　门站应急演练 ……………………………………………………………… (114)
6. 5　门站应急处置 ……………………………………………………………… (115)

第 7 章　展望 …………………………………………………………………… (118)
7. 1　“双碳”背景下新能源的现状及展望 ……………………………………… (118)
7. 2　天然气发展与展望 ………………………………………………………… (120)

参考文献 ………………………………………………………………………… (124)

第1章　天然气与天然气门站概况

1.1　天然气

天然气主要由甲烷(85%)和少量乙烷(9%)、丙烷(3%)、氮(2%)和丁烷(1%)组成。主要用作燃料，也是制造乙醛、乙炔、氨、炭黑、乙醇、甲醛、烃类燃料、氢化油、甲醇、硝酸、合成气和氯乙烯等化学物质的原料。天然气被压缩成液体进行储存和运输。煤矿工人、硝酸制造者、发电厂工人、有机化学合成工、燃气使用者、石油精炼工等有机会接触天然气，如果经呼吸道进入人体，浓度高时因置换空气而引起缺氧，导致呼吸短促，知觉丧失；严重者可因血氧过低窒息死亡。高压天然气可致冻伤。天然气不完全燃烧可产生一氧化碳。

1.1.1　天然气分类

天然气按其在地下存在的相态形式可分为游离态、溶解态、吸附态和固态水合物；按其蕴藏状态，可分为构造性天然气、水溶性天然气、煤矿天然气等三种；按其成因可分为生物成因气、油型气和煤型气；按其在地下的产状可分为油田气、气田气、凝析气、水溶气、煤层气及固态气体水合物等；按其存在及生成形式可分为伴生气和非伴生气。

伴生气伴随原油同时被采出，大多为原油挥发产出，并以气态的形式存在于含油层之上；非伴生气包括纯气田天然气和凝析气田天然气两种，在地层中都以气态存在。

1.1.2　天然气优点

天然气不含一氧化碳，比空气轻，一般作为能源原料，属于清洁能源。使用天然气可减少煤炭和石油的消耗，进而显著降低环境污染问题。其优点为：

(1) 绿色环保

天然气作为一种洁净环保的优质能源，几乎不含硫、粉尘和其他有害物质，燃烧时产生二氧化碳少于其他化石燃料，造成温室效应较低，因而能从根本上改善环境质量。

(2) 经济实惠

天然气与人工煤气相比，同比热值价格相当，并且天然气清洁干净，能延长灶具的使用寿命，也有利于用户减少维修费用的支出。天然气是洁净燃气，目前国内供应稳定，价格波动小，相较于石油、煤炭等能够减少环境污染问题，因而能为其地区经济发展提供新的动力，带动经济繁荣。

1.1.3 天然气衍生产品

通常所称的天然气指的是储存于地层中的一种富含碳氢化合物的可燃气体，而与石油共生的天然气常称为油田伴生气。

天然气作为一种重要的能源，广泛应用于城市煤气和工业燃料等领域。天然气燃料是各种替代燃料中最早广泛使用的一种，它分为液化天然气和压缩天然气两种。工业用天然气可用外混式烧嘴进行燃烧。

（1）液化气体

① 液化天然气

天然气在常压下，冷却至约-162℃时，发生相变由气态变成液态，液态天然气称为液化天然气(Liquefied Natural Gas，LNG)。LNG的主要成分为甲烷(CH_4)，还有少量的乙烷、丙烷以及氮等。天然气在液化过程中进一步得到净化，甲烷纯度更高。

LNG技术除了用来解决运输和储存问题，还广泛地用于天然气使用时的调峰装置上。由于天然气的产地往往不在工业或人口集中区，因此必须解决运输和储存问题。天然气的主要成分是甲烷，其临界温度为190.58K，在常温下无法仅靠加压将其液化。天然气的液化、储存技术已逐步成为一项重大的先进技术。

② 液化石油气

液化石油气是石油产品之一，英文名称Liquefied Petroleum Gas，简称LPG，是由炼厂气或天然气(包括油田伴生气)加压、降温、液化得到的一种无色、挥发性气体。

液化石油气(简称液化气)是石油在提炼汽油、煤油、柴油、重油等油品过程中剩下的一种石油尾气，通过一定工艺程序，对石油尾气加以回收利用，采取加压的措施，使其变成液体，装在特定承压容器内，液化气的名称即由此而来。它的主要成分有乙烷、丙烯、丙烷和丁烷等，同时含有少量戊烷、戊烯和微量硫化合物杂质。由天然气所得的液化气的成分基本不含烯烃。在气瓶内呈液态，一旦流出会气化成比原体积大约250倍的可燃气体，并极易扩散，遇到明火就会燃烧或爆炸。

③ 液化煤层气

中国是世界煤炭生产大国之一，煤层气相应的储藏量亦较大。其主要成分是甲烷，可作为廉价的化工原料，主要作为燃料使用，广泛应用于居民的生活燃料以及汽车、船舶、飞机等交通运输工具的燃料。

（2）压缩气体

压缩天然气(Compressed Natural Gas，CNG)是天然气加压并以气态储存在容器中。压缩天然气除了可以用油田及天然气田里的天然气制取外，还可以通过人工制造生物沼气(主要成分是甲烷)来制取。

压缩天然气与管道天然气的组分相同，主要成分为甲烷(CH_4)。CNG可作为车辆燃料使用，同时可以转换成LNG。

1.1.4 天然气危险性

根据天然气组成及物理性质，天然气主要由具有火灾爆炸性的气体烷烃类组成，因此其主要危险特性表现为火灾、爆炸危险性，另外还存在高可压缩性、腐蚀性、中毒窒息等危险特性，具体分述如下。

（1）易燃易爆性

根据 GB 50183《石油天然气工程设计防火规范》，天然气的火灾危险性为甲$_B$类，在空气中只要很小的点火能量就会燃烧，而且燃烧速率很快，是燃烧危险性很大的物质。

天然气为烃类混合物。根据其气体组分情况可知，天然气中的甲烷是天然气的主要组分，因此甲烷的危险特性在一定程度上反映了天然气的危险特性。甲烷的爆炸极限范围较宽，爆炸下限较低，因此一旦泄漏到空气中容易形成爆炸性混合物，遇明火、高热即燃烧爆炸。甲烷的危险特性见表 1-1。

表 1-1　甲烷危险特性

<table>
<tr><td rowspan="2">标识</td><td colspan="2">中文名称：甲烷</td><td colspan="2">英文名称：methane</td></tr>
<tr><td colspan="2">分子式：CH_4</td><td>相对分子质量：16</td><td>CAS No：74-82-8</td></tr>
<tr><td rowspan="10">理化性质</td><td colspan="4">外观与性状：无色、无臭气体</td></tr>
<tr><td colspan="2">熔点/℃　-182.5</td><td colspan="2">相对密度(水=1)　0.45(-164℃)</td></tr>
<tr><td colspan="2">沸点/℃　-161.5</td><td colspan="2">相对密度(空气=1)　0.576</td></tr>
<tr><td colspan="2">饱和蒸气压/kPa　53.32(-168.8℃)</td><td colspan="2">燃烧热(kJ/mol)　889.5</td></tr>
<tr><td colspan="2">临界温度/℃　-82.6</td><td colspan="2">闪点/℃　-188</td></tr>
<tr><td colspan="2">临界压力/MPa　4.59</td><td colspan="2">最小点火能/mJ　0.28</td></tr>
<tr><td colspan="2">最大爆炸压力/MPa　0.717</td><td colspan="2">引燃温度/℃　538</td></tr>
<tr><td colspan="2">爆炸下限/%(体积)　5</td><td colspan="2">爆炸上限/%(体积)　15</td></tr>
<tr><td colspan="2">溶解性：微溶于水，溶于醇、乙醚</td><td colspan="2">稳定性：稳定</td></tr>
<tr><td colspan="2">聚合危害：不聚合</td><td colspan="2">禁忌物：强氧化剂、卤素</td></tr>
<tr><td rowspan="3">危险性概述</td><td colspan="2">危险性类别：第 2.1 类易燃气体</td><td colspan="2">爆炸性气体的分类、分级、分组：ⅡA 级 T1 组</td></tr>
<tr><td colspan="4">燃爆危险：甲烷易燃，与空气混合能形成爆炸性混合物，遇热源和明火有燃烧爆炸的危险。与五氧化溴、氯气、次氯酸、三氟化氮、液氧、二氟化氧及其他强氧化剂接触发生剧烈反应。有害燃烧产物为一氧化碳和二氧化碳</td></tr>
<tr><td colspan="4">健康危害：甲烷对人基本无害，但浓度过高时，使空气中氧含量明显降低，使人窒息。当空气中甲烷浓度达25%~30%时，可引起头痛、头晕、乏力、注意力不集中、呼吸和心跳加速、共济失调。若不及时脱离，可致窒息死亡。皮肤接触液态本品可致冻伤</td></tr>
<tr><td>消防措施</td><td colspan="4">灭火方法：切断气源。若不能立即切断气源，则不允许熄灭泄漏处的火焰。喷水冷却容器，可能的话将容器从火场移至空旷处。
灭火剂：雾状水、泡沫、二氧化碳、干粉</td></tr>
<tr><td>急救措施</td><td colspan="4">吸入：迅速脱离现场至空气新鲜处。保持呼吸道通畅。如呼吸困难，给输氧。如呼吸停止，立即进行人工呼吸。就医</td></tr>
</table>

续表

标识	中文名称：甲烷	英文名称：methane	
	分子式：CH_4	相对分子质量：16	CAS No：74-82-8
泄漏应急处理	迅速撤离泄漏污染区人员至上风处，并进行隔离，严格限制出入。切断火源。建议应急处理人员戴自给正压式呼吸器，穿消防防护服。尽可能切断泄漏源。合理通风，加速扩散。喷雾状水稀释、溶解。构筑围堤或挖坑收容产生的大量废水。如有可能，将漏出气用排风机送至空旷地方或装设适当喷头烧掉。也可以将漏气的容器移至空旷处，注意通风。漏气容器要妥善处理，修复、检验后再用		
防护措施	工程控制：生产过程密闭，全面通风。 呼吸系统防护：一般不需要特殊防护，但建议特殊情况下，佩戴自吸过滤式防毒面具。 眼睛防护：一般不需要特殊防护，高浓度接触时可戴安全防护眼镜。 防护服：穿防静电工作服。 手防护：戴一般作业防护手套。 其他：工作现场严禁吸烟。避免长期反复接触。进入罐、限制性空间或其他高浓度区作业，须有人监护		
储运注意事项	易燃压缩气体。储存于阴凉、干燥、通风良好的不燃库房。仓温不宜超过30℃。远离火种、热源。防止阳光直射。应与氧气、压缩空气、卤素（氟、氯、溴）等分开存放。切忌混储混运。储存间内的照明、通风等设施应采用防爆型，开关设在仓外。配备相应品种和数量的消防器材。罐储时要有防火防爆技术措施。露天贮罐夏季要有降温措施。禁止使用易产生火花的机械设备和工具。验收时要注意品名，注意验瓶日期，先进仓的先发用。搬运时轻装轻卸，防止钢瓶及附件破损		

（2）中毒和窒息

天然气主要为烃类混合物，属低毒性物质，但长期接触可导致神经衰弱综合征。甲烷浓度过高时，可使空气中氧含量明显降低，使人窒息。当空气中甲烷浓度达到25%~30%时，可引起头痛、头晕、乏力、注意力不集中等人身危害。

（3）高可压缩性和热膨胀性

天然气是一种高可压缩性的介质，高压天然气储存了大量的压缩能。天然气管道、设备如果存在材质缺陷，运行过程中系统出现裂纹时，其减压波传递速度较慢，当管道、设备材质韧性较差时，其裂纹可能进一步撕裂扩散，进而导致天然气大量泄漏。

天然气的体积会随着温度的升高而膨胀，当管道、设备系统在遭受高温热辐射或高温热源烘烤时，天然气受热膨胀会使管道、设备的内压增大，造成管道、设备损坏甚至导致天然气泄漏。

（4）腐蚀性

输气管道在运行中与输送介质发生内腐蚀。内腐蚀是由于天然气中残存的水分和SO_2、CO_2等酸性气体造成的类似原电池的电化学反应和破坏金属晶格的化学反应，进而发生管道的腐蚀。

（5）易扩散性

天然气密度比空气小，具有易扩散的特点，因此泄漏后可随风四处飘散。天然气逸散在空气中，易与空气形成爆炸性混合物，遇点火源即可能爆炸蔓延。

(6) 静电荷聚集性

天然气在较高流速下或高压气体从管口或破损处高速喷出时，由于强烈的摩擦作用，有产生静电的可能。静电荷聚集到一定电位就会产生静电放电，如果静电放电产生的电火花能量达到天然气的最小点火能，就可能引发燃烧、爆炸事故。

(7) 其他

管输气内含有的固体杂质、灰尘等，或新建管道投产时没有进行吹扫或吹扫不彻底，气体流速较高时固体杂质连续冲蚀弯头、管壁、膜片等，长此以往易造成局部减薄、刺漏、损伤，造成阀门内漏。门站的过滤分离设备正常运行，如果定期排污、定期清管，就能够降低此类危害。

1.2 天然气门站

在城镇燃气系统中，城市天然气门站是长距离输气干线的终点站，亦称配气站。

天然气门站是天然气输配系统的重要组成部分，是城镇、工业区输配管网的气源点，其任务是接收长输管线输送来的燃气，在站内进行净化、调压、计量、气质检测和加臭后，送入城市输配管网或直接送入大型工商业用户。

设计和建设好天然气门站是一个城市实现安全高效做好天然气输配工作的关键一步。

天然气门站作为长输管道的末站，其主要作用是将清管器的接收装置与门站相结合，布置紧凑，有利于集中管理。但如果长输管道到城镇的边上，由长输管道所属单位在城镇边上又设有调压计量站时，则清管器的接收装置就应设在长输管道部门的调压站里，可不设城镇门站。天然气门站主要作用见图 1-1。

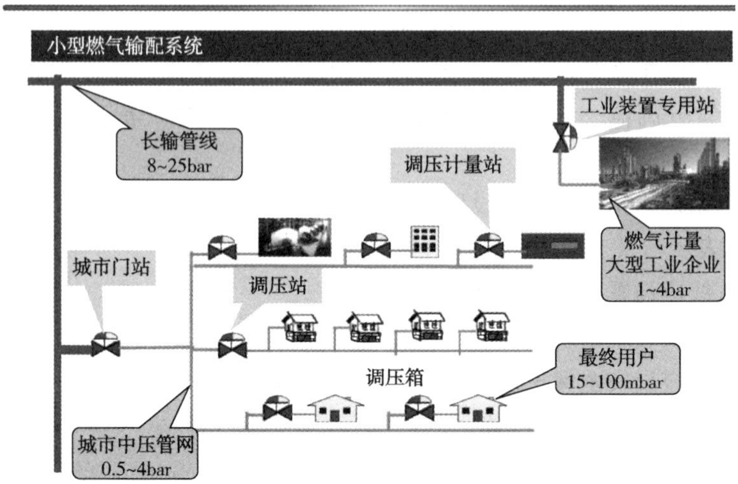

图 1-1　天然气门站主要作用

注：$1bar=10^5Pa$。

1.2.1 天然气门站设计原则

(1) 天然气门站站址选择

天然气门站站址选择要求在安全防火的允许范围内，并应尽可能靠近城市居民点，并位于常年主导风向的下风向。

站址应尽量避开不良地质及地形低洼处，应有足够的面积，并为扩建留有必要的余地。所选站址应交通方便，水电来源充足，有利于排水及污水处理。

天然气门站与周围建筑物的防火间距，必须符合现行国家标准 GB 50016—2014《建筑设计防火规范(2018 年版)》；门站站址应具有适宜的地形、工程地质、供电、给排水和通信等条件。门站站址应靠近城镇用气负荷中心地区。

(2) 天然气门站平面布置

① 天然气门站各建构筑物及设备的平面布置应根据工艺流程中天然气的流向来确定。应尽量缩短管线长度避免倒流，减少交叉管线，应采用地上或埋土敷设，不应采用管沟敷设。

② 根据工艺流程和设备功能分区布置，将功能相同的设备设施布置在一起成为一个装置区，装置区之间的连接管道敷设应有利于车行道的布置。可分为生产区(包括储罐区、调压计量区、加压区等)和辅助区。

③ 天然气门站与周围建筑物和站内各建筑物之间的距离必须满足有关安全防火要求，有保证消防、起重和运输车辆通行的道路和必要的检修堆放场地。

④ 生活区、办公区应布置在全年最小频率风向的下风侧，并有利于站场工艺生产、方便生活、力求节约。

⑤ 天然气门站的仪表控制室、维修间和行政办公室建筑通常布置在单独或合并在一起的建筑物内，并与工艺区保持一定的距离以减少相互干扰。

(3) 天然气门站工艺设计及计量仪表要求

① 功能应满足输配系统输气调度和调峰的要求。

② 站内应根据输配系统调度要求分组设置计量和调压装置，装置前应设过滤器；门站进站总管上宜设置分离器。调压装置应根据燃气流量、压力降等工艺条件确定设置加热装置。

③ 天然气门站进出站管道上应设置燃气流量指示及累计所用的仪表，压力的指示及自动记录所用的仪表。

④ 进出站管线应设置切断阀门和绝缘法兰。

⑤ 站内设备与仪表维修时，应能够保证连续供气。

⑥ 站内管道上应设安全保护及安全放散装置。站内设备、仪表、管道等安装的水平间距和标高均应便于观察、操作和维修。

(4) 天然气门站的防火要求

天然气门站内的生产用房应符合现行的国家标准 GB 50016—2014《建筑设计防火规范(2018 年版)》的“甲类生产厂房”设计规定，其建筑耐火等级不应低于“二级”，消防设施和器材的配备也应符合 GB 50016—2014《建筑设计防火规范(2018 年版)》中的有关规定。

门站工艺区及可燃气体易积聚的地方应设置可燃气体浓度检测仪表，安全报警系统门站建筑物室内电气防爆等级应符合现行的国家标准 GB 50058—2014《爆炸危险环境电力装置设计规范》的“1”区设计规定，站区内防雷等级应符合现行国家标准 GB 50057—2010《建筑物防雷设计规范》的“第二类”设计规定和要求。

1.2.2 天然气门站设计规模

天然气门站设计规模在目前采取“一次设计，分步实施”的方案，即根据所规划城市天然气需求预测和购气进度，确定最终所达到的购供气规模并进行一次设计，然后在此基础上做好分年度实施计划，每一阶段实施方案包含在第一次设计中，天然气门站从设计到施工要求都要进行详细规划。

1.2.3 天然气门站工艺

天然气门站的工艺流程主要包括过滤、调压、计量、加臭和分配等步骤。

（1）过滤

天然气通过输气干线进入门站后，为了保证进入管道气体的气质，首先经过分离装置进行除尘处理，以去除可能携带的固体杂质和水分。除尘设备（分离装置）多采用旋风除尘器、多管除尘器、过滤除尘器等，大流量门站的气体除尘器可以经过汇管采取并联安装来满足处理要求。

（2）调压

天然气门站输入和输出支线与干线的连接点应保持稳定的输入和输出压力，经过初步净化的天然气进入汇气管，并通过两组或以上的调压器进行压力调节，以满足城市管网或大用户所需的压力要求。调压过程可能需要根据燃气流量和压力降等工艺条件决定是否设置加热装置。调压装置应设置在气源来气压力不稳定且需要控制进站压力的管线上、分输气和配气管线上以及需要对气体流量进行控制和调节的计量装置之前的管段上。

（3）计量

调压后的天然气会进行计量，以准确记录通过门站的气量，这对于供需双方的计费和运营管理都至关重要。输入与输出干线的气体及站内自耗气必须计量，这些气量是交接业务和进行整个输气系统控制和调节的依据。

气体计量装置应设置在输气干线的进气、分输气、配气管线上以及站场自耗气管线上。天然气体积流量计有压差式和容积式两种，其中以压差式流量计为主。近年来，随着输气管道自动化程度的不断提高，其在输气站场上已开始利用微机测定天然气流量。

（4）加臭

天然气本身无色无味，易燃易爆，在输送或使用过程中，一旦泄漏很难被发现，为了安全起见，天然气在进入最终分配前需要加入适量的臭味剂，以便在发生泄漏时能够及时被检测到，并进行补救，所以臭味剂的添加至关重要。目前，国内外城镇燃气普遍采用的臭味剂为四氢噻吩（THT）。实际运行中加臭量过大，既增加了燃气供应不必要的成本，造成资金的浪费，臭味剂在燃烧后又产生了过多的含硫物，加大了环境污染的潜在危险，但是加臭量偏低又将导致天然气泄漏时不能被用户及时发现，触发报警，起不到示警作用，给燃气供应和使用带来了安全隐患。

（5）分配

完成上述步骤后，天然气将被送入城市管网，或者直接供应给大型用户，如工业区或发电厂。

总的来说，天然气门站的工艺流程是确保城市天然气供应系统安全、高效运行的关键。从接收长输管线的天然气开始，经过一系列精确控制的步骤，包括过滤、调压、计量、加臭和分配，最终将清洁且压力适宜的天然气输送到城市的各个角落。

1.2.4 国内典型天然气门站示例——中卫压气站

中卫压气站为中国最大的天然气枢纽站。场景外观见图 1-2。

图 1-2 中卫压气站场景外观

中卫压气站的主要任务是对上游来气进行过滤、计量、调压等，配备了天然气进站管道 3 条，出站管道 4 条。正是依靠中卫压气站，使土库曼斯坦、哈萨克斯坦，以及新疆塔里木盆地的天然气得以输送到上海、浙江、广东等地区。

中卫压气站西气东输一线站区，始建于 2004 年 3 月，同年 9 月建成投产，年设计输送天然气 $130\times10^8m^3$，增输改造后，年输送能力达到 $170\times10^8m^3$。二线站区于 2009 年 12 月投产运行，年设计输送能力为 $280\times10^8m^3$。三线站区于 2014 年 12 月进入试运行，年设计输送能力 $300\times10^8m^3$。中卫压气站的输送量超过中国天然气产量的一半。

除了四个工艺区外，该压气站还有一个压缩机区，建有压缩机厂房一座，用来提高输送而来的天然气压力，以便送往更远的地区。该压缩机厂房配备了两台罗尔斯·罗伊斯的燃气压缩机，机组由两台 RB211-24G-T 工业型燃气发生器、RT62 动力涡轮和 RF2BB36 离心压缩机组成。

第2章　智能天然气门站

2.1　智能天然气门站工艺

智能天然气门站为城市燃气门站的模拟站，压缩气源压力为0.6MPa，其流量为真实城市门站的10%。

（1）橇装式调压计量门站

橇装门站将其上游管道的燃气压力调整至下游配气管网所需压力，并对城市管网进行供气，其具有过滤、计量、换热、调压、加臭等功能，同时可对温度、压力、差压及流量等信号进行远传。进站压力为4.0~6.3MPa（实训设备实际缩小10倍），出站压力为0.2~0.4MPa（和真实城市管网压力相当），气体流量设计规模为1000Nm³/h，工艺结构为2+0双路调压。调压前进气压力为0.4~0.6MPa；管道公称压力等级为1.6MPa，调压后出口压力为0.2~0.3MPa（与真实城市管网压力一致），管道安全放散压力不低于0.44MPa。设计温度为-25~60℃。

（2）智能门站供货范围

供货方应将汇管、过滤器、调压器、超压切断阀、流量计、电动球阀、手动球阀、安全放散阀、排污阀等工艺设备及压力表、温度表、差压变送器、压力变送器、温度变送器以及PLC控制柜等仪表组装成橇装并固定在槽钢底座上（包括橇站的接线终端箱和橇内功能设备、仪表电气与接线终端箱的连接），其中工艺管线的所有设备均由设备供应方提供。

（3）智能天然气门站调压装置技术说明

工艺流程说明：本调压装置工艺部分的功能是接收上游管道来气，经过滤、计量、换热、调压、加臭后送入下游管道，调压装置调压结构为2+0，一用一备。

具体工艺流程为：上游来气，压缩燃气来气压力为0.4~0.63MPa（真实长输管道气源为4.0~6.0MPa），管道口径为*DN*80，气体流量为1000Nm³/h，经电动球阀→卧式快开过滤器→涡轮流量计→球阀→电加热换热器→球阀→轴流调压器→球阀→二级调压器→球阀→双泵加臭装置后输往下游管网。

（4）调压计量系统的工艺配置

天然气调压站按工艺流程和需要设置工艺模块：

① 入口过滤模块；

② 计量模块；

③ 加热模块（加热功能主要考虑减压后压降引发的温降，导致管道结冰）；

④ 调压模块；

⑤ 放散模块；

⑥ 集污模块；

⑦ 加臭模块。

橇站设计应满足 GB 50028—2006《城镇燃气设计规范（2020 版）》、GB 50251—2015《输气管道工程设计规范》以及 GB 27791—2020《城镇燃气调压箱》等相关标准规范的要求，且在必需的地方设置安全压力泄放设施及集污设施。

（5）智能门站的控制系统

关于城市燃气门站的中控系统，可以将仪表配置为一套就地仪表，再配置一套变送仪表（温度、压力、差压、流量、报警、加臭等变送仪表。）建立一个 DCS/PLC 站控系统，对调压站的所有数据进行采集处理报警和控制。该中控系统可以培养和提升学生信息处理才能和燃气管网系统的调度指挥工作能力。

燃气调压站站控系统组成及主要功能：

① 系统组成：本站控系统主要由 PLC 搭建组成站控柜。

② 显示功能：系统能动态显示工艺流程图上各测点的运行参数及画面动态；实时趋势曲线和历史曲线画面，压力、温度、流量参数表格，报警信号。

③ 控制功能：电动球阀的关启远程控制（设置超压超温泄漏报警和主要参数越限报警切断）。

④ 压缩机组远程启停。

⑤ 组态与编辑功能：实时编辑和打印生产报表及参数报表。

⑥ 历史文件数据资料的存储与调用。

⑦ 燃气调压计量加臭系统的自诊断功能等。

学生们通过智能燃气门站的操作，直观地了解城市燃气管网调压系统，通过中控可以了解城市燃气的调配，管网压力的调节，流量的计算与高峰用气的变化。用此套设备进行系统的培训，可有效提升学生们今后进入燃气企业的中央控制调度部门工作的工作能力，为社会培养出一批高端燃气专门实用性人才。

2.2 调峰站与储罐工艺

（1）天然气门站与储配站应具有过滤、调压、计量、气质检测、安全放散、安全切断、使用线和备用线的自动切换等主要功能，且要求在保证精确调压和流量计量的前提下，设计多重的安全措施，确保用气的长期性、安全性和稳定性。

在进行天然气门站与储配站的工艺设计时，应考虑其功能满足输配系统输气调度和调峰的要求，根据输配系统调度要求分组设计计量和调压装置，装置前设过滤器，调压装置应根据燃气流量、压力降等工艺条件确定是否需设置加热装置。进出口管线应设置切断阀门和绝缘法兰，站内管道上需根据系统要求设置安全保护及放散装置。在门站进站总管上设置分离器，当长输管线采用清管工艺时，其清管器的接收装置可以设置在门站内。

低温储罐，是 LNG 调峰站中必不可少的设备，是立式或卧式双层真空绝热储罐，天然气储罐的操作压力为 0.6~1.44MPa，操作温度为-162℃，其罐体由内外两层构成，为了减少外部热量向罐内的传入，两层间采用抽真空填充珠光砂保冷材料绝热结构，与大气隔离，避免了大气压力或温度变化的影响以及湿空气进入内、外罐间保冷层，有效保证和提高了保冷材料的使用效果。

（2）空温式气化器系列是利用大气环境中自然对流的空气作为热源，通过导热性能良好的铝材挤压成星形翅片管与低温液体进行热交换并使元气化成一定温度的气体，无须额外动力和能源消耗。设备中均为静态零部件，所以其性能相当稳定，维护简单，是一种高效、环保、节能的新一代换热设备，作用是把 LNG 储罐输送出来的液体转化为气态供后续使用。核心部分就是换热装置，在尽可能小的空间内从大气中获取强大的热能。

（3）燃气储配站的工艺流程应根据气源厂的性质、城市规模、负荷分布和管网压力级制等因素，通过技术经济比较后确定。一级调压器的作用是将高压燃气的压力降至高压储气罐的工作压力，以存入储气罐。二级调压器的作用是将燃气压力调节到出站管道的工作压力。燃气储配站中除根据不同需要设置储气、压送、调压等主要工艺设备外，还设有生产辅助设施、生活设施和消防设施等。

燃气储配站站址的选择要考虑工艺、动力、给排水、土建安装、防火防爆、环境保护等方面的要求及其对投资和运行费用的影响，并和城市总体规划相协调。燃气储配站的工艺布置应保证工作可靠、安全生产和便于运行管理。

2.3 智能燃气门站实训室的必要性

2.3.1 功能与目标

技能培训：通过模拟操作，学员可以学习燃气门站的日常运行、故障排查、应急处理等技能。

技术演练：提供真实的操作环境，帮助学员熟悉智能燃气设备的操作流程。

安全培训：模拟各种突发情况（如燃气泄漏、设备故障等），提升学员的安全意识和应急处理能力。

智能化管理：培训学员掌握智能燃气门站的监控系统、数据分析、远程控制等先进技术。

2.3.2 主要设备与系统

模拟燃气门站系统：包括燃气管道、阀门、压力调节器、流量计等设备，模拟真实的燃气输送和分配过程。

智能监控系统：集成传感器、数据采集系统和监控平台，实时监测燃气流量、压力、温度等参数。

远程控制系统：通过计算机或移动设备远程控制燃气门站的运行，模拟智能化管理场景。

故障模拟系统：可以模拟燃气泄漏、设备故障等异常情况，供学员进行应急处理演练。

虚拟现实(VR)或增强现实(AR)系统：部分实训室可能配备 VR/AR 设备，提供沉浸式培训体验。

2.3.3 培训内容

燃气门站基础知识：包括燃气门站的组成、工作原理、设备功能等。

设备操作与维护：学习如何操作燃气门站的设备，并进行日常维护和保养。

智能化管理技术：掌握智能燃气门站的监控、数据分析和远程控制技术。

安全与应急处理：学习燃气门站的安全操作规程，掌握应急处理流程。

2.3.4 应用场景

燃气公司员工培训：为燃气公司的技术人员、运维人员提供实操培训。

大专院校教学：作为大专院校燃气相关专业的实训基地，帮助学生掌握实际操作技能。

技术研发与测试：为燃气设备的研发和测试提供实验环境。

2.3.5 优势

安全性高：实训室通过模拟环境进行培训，避免了真实操作中的风险。

实操性强：学员可以在接近真实的环境中操作设备，提高动手能力。

智能化体验：通过智能监控和远程控制系统，学员可以体验燃气门站的智能化管理。

2.3.6 未来发展趋势

更多智能化技术的集成：随着物联网、大数据、人工智能等技术的发展，实训室将集成更多智能化功能。

虚拟现实技术的应用：VR/AR 技术将进一步提升培训的沉浸感和互动性。

远程培训与协作：通过互联网技术，实现远程培训和跨区域协作。

第3章　天然气门站模块

3.1　调压模块

3.1.1　基本功能

（1）燃气净化：对燃气进行过滤，以保证系统内设备正常工作。

（2）燃气调压：将上游管网的燃气压力降至下游管网或管道所需的使用压力，并保持在规定的范围内，且不随上游压力和流量的变化而变化。

（3）安全保护：当下游压力因故超过系统规定的压力范围时，对下游气流进行控制或对上游气流进行截流，以保证安全用气。

（4）流量计量：对燃气流量进行测量并换算为标准状态下的流量。可扩展功能。

（5）自控系统：对运行状况进行遥测遥讯遥控。

（6）报警系统：对泄漏、故障进行报警。

（7）加臭装置：将溴液加入燃气中使之具有臭味。

（8）伴热装置：对管壁和气体进行加热保温。

（9）热交换装置：对燃气加热使之不结冰。

3.1.2　城市门站调压装置特点

（1）集调压、过滤、超压/失压切断、计量、安全放散等于一体，系统协调性好、可靠性高。

（2）结构紧凑，造型美观，占地面积及所要求的安全距离小。适合户内、外安装。

（3）安装、调试简单，使用、维护方便。

（4）适用于天然气、人工煤气、石油液化气及其他无腐蚀性气体。

（5）扩展性好，可根据用户要求增添功能。

（6）设备出厂前均经 24h 气密性试验。各参数均按用户要求设定，现场操作简单、方便。

（7）箱体材料均采用高强度复合板，利用先进的技术批量生产，保证同型号箱体零件的互换性。外箱内外表面采用彩板，防腐能力强。

（8）可无人值守，只需定期检查。

3.1.3 调压装置类型

（1）按用户类型分为：首站、末站、门站、高中压调压站、民用区域调压站、工业锅炉调压站、电厂燃机供气站、城市燃气调峰站等。

（2）按进出口压力分为：高高压、高中压、高低压、中中压、中低压。

（3）按结构类型分为：橇装式、柜式、箱式。

（4）按调压管路数分为：1+0、1+1、2+0、2+1、3+0、3+1、4+0、4+1。

（5）调压装置的设置形式多种多样，设计时应根据当地具体情况，因地制宜地选择。调压装置宜设在地上，以利于安全和运行、维护。其中：

① 在自然条件和周围环境条件许可时，宜设在露天。这是较安全和经济的形式。对于大、中型站其优点较多。

② 在环境条件较差时，设在箱子内是一种较经济适用的形式。分为调压箱(悬挂式)和调压柜(落地式)两种。对于中、小型站优点较多。

③ 设在地上单独的建筑物内是我国以往用得较多的一种形式(与采用人工煤气需防冻有关)。

④ 当受到地上条件限制，燃气相对密度不大于 0.75，且压力不高时才可设置在地下，这是一种迫不得已才采用的形式。但相对密度大于 0.75 时，泄漏的燃气易集聚，故不得设于地下室、半地下室和地下箱内。

（6）调压箱和调压柜的设置应符合下列要求：

① 调压箱(悬挂式)

a. 调压箱的箱底距地坪的高度宜为 1.0～1.2m，可安装在用气建筑物的外墙壁上或悬挂于专用的支架上；当安装在用气建筑物的外墙上时，调压器进出口管径不宜大于 *DN*50。

b. 调压箱到建筑物的门、窗或其他通向室内的孔槽的水平净距应符合下列规定：当调压器进口燃气压力不大于 0.4MPa 时，不应小于 1.5m；当调压器进口燃气压力大于 0.4MPa 时，不应小于 3.0m；调压箱不应安装在建筑物的窗下和阳台下的墙上；不应安装在室内通风机进风口墙上。

c. 安装调压箱的墙体应为永久性的实体墙，其建筑物耐火等级不应低于二级。

d. 调压箱上应有自然通风孔。

② 调压柜(落地式)

a. 调压柜应单独设置在牢固的基础上，柜底距地坪的高度宜为 0.30m。

b. 与其他建筑物、构筑物的水平净距应符合 GB 50028—2006《城镇燃气设计规范(2020 版)》表 6.6.3 的规定。

c. 体积大于 1.5m^3 的调压柜应有爆炸泄压口，爆炸泄压口面积不应小于上盖或最大柜壁面积的 50%(以较大者为准)；爆炸泄压口宜设在上盖上；通风口面积可包括在计算爆炸泄压口面积内。

d. 调压柜上应有自然通风口，其设置应符合下列要求：当燃气相对密度大于 0.75 时，应在柜体上、下各设 1% 柜底面积通风口；调压柜四周应设护栏；当燃气相对密度不大于

0.75 时，可仅在柜体上部设 4%柜底面积通风口；调压柜四周宜设护栏。

③ 调压箱(或柜)的安装位置应能满足调压器安全装置的安装要求。

④ 调压箱(或柜)的安装位置应使调压箱(或柜)不被碰撞，在开箱(或柜)作业时不影响交通。

3.1.4 调压装置主要技术参数(表 3-1)

表 3-1 调压装置主要技术参数

设备名称	高、中压调压柜(站)	中、低压调压柜(站)
适用情况	门站、分输站、燃气电厂、大型用户专用调压站	门站、区域调压站、用户专用调压站
工作温度	-40~60℃	-40~60℃
进口压力范围	0.1~6.4MPa	0.02~1.6MPa
出口压力范围	0.05~1.6MPa	1~400kPa
稳压精度	AC1~AC15	≤AC1~AC15
关闭压力	SG2.5~SG25	SG2.5~SG25

3.1.5 调压装置的安装与使用

(1) 安装

① 调压柜(站)位置的选择、与周围建筑物的水平间距、距地坪的高度、防火安全要求应符合当地政府和现行国家标准 GB 50028—2006《城镇燃气设计规范(2020 版)》的有关规定。

② 放散管的安装应符合 GB 50028—2006《城镇燃气设计规范(2020 版)》的有关规定。调压柜(站)在安装前必须确认以下参数：进口压力、出口压力、流量、适用介质、介质的流向。

③ 安装前必须吹扫干净与之相连的管道。

④ 吊装时，应轻吊、轻放、箱体不得倾斜、倒置、水平安装在带有地脚螺栓的混凝土基础上。

⑤ 检查阀门和各仪表。

⑥ 管线试压时必须在调压柜(站)的进、出口加上盲板以防止损坏调压柜(站)。

⑦ 调压柜(站)进、出口管与站前、后管道的对接严禁强力安装。

⑧ 安装时注意除去调压站进出口法兰上的防尘盲孔垫片。

(2) 使用

① 气密性检查

调压柜(站)安装完毕后，应进行气密性检查，以保证调压柜(站)安全正常地工作。气密性检查也可在调压柜(站)的调试运行中进行。

实验介质：氮气或该调压柜使用燃气。

试验压力：调压前为进口工作压力上限的 1.05 倍。若在调试运行中进行，则为进口燃气的工作压力；调压后为超压切断压力的 1.05 倍。

试验方法：

a. 关闭切断阀及出口端阀门，向调压器前管路缓慢充气，保压30min，检查进、出口管道中的压力。若调压器前压力下降则有外漏，若调压器后压力升高则切断阀关闭不严。

b. 合格后，开启切断阀，随着气体流向调压器后管路，调压器自动关闭。压力稳定后检查下游管道压力，保压30min，压力不应上升，否则说明调压器关闭不严密；压力不得下降，否则表示有外漏。

② 启用调压柜(站)

应按以下程序进行：

a. 切忌猛开阀门，猛开阀门极易损坏设备。

b. 切忌在取压管未拆除(或关闭)时，向出口管道充入过高压力，否则会损坏调压器内部零件。

c. 确认调压柜(站)的进、出口阀门已关闭。

d. 缓慢开启进口阀门，并观察进站压力表和出站压力表是否在允许的压力范围；为避免出口压力表在充气时超量程损坏，可先关闭或略微开启压力表下针形阀，待压力稳定后再完全开启。

e. 打开调压器后直管上的测压嘴，检查调压器的运行是否正常；放气时因流量过小，出口压力表可能有微小的波动，待出口阀门打开后会自动消除。

f. 当进、出口压力正常后可缓慢开启出口阀门，并精确调节调压柜(站)的出口压力。

调压柜(站)出厂前均按用户要求进行参数设定，如需调节调压器的出口压力，应相应调节切断阀动作压力及放散阀的放散压力。

③ 切断阀复位

a. 切断阀或附加在调压器上的切断阀在执行了切断动作后需人工进行复位操作。

b. 在进行复位操作前应查明切断的原因：系管网压力冲击或是调压器故障；排除后方可进行复位操作。

c. 在进行切断阀复位操作时必须关闭调压柜(站)进、出口阀门及出口端压力表下针形阀。

d. 在转动人工复位手柄时注意：当开始转动时要缓慢，此时应感觉管内有一股小气流通过并随即停止。[如这小股气流不能停止，可能是调压器故障或调压柜(站)的出口阀门尚未关断。]此时再继续转动切断阀手柄复位上扣。

e. 缓慢开启进口阀门，观察出口压力，正常后开启出口阀门。

3.1.6 调压装置的维护

调压柜(站)的日常维护，维修人员必须熟悉和遵守调压柜(站)运行、维修、管理等方面的安全技术规章制度和规程；掌握调压器等主要设备的工作原理、特性及维修方法；周期检查调压柜(站)的使用情况，及时处理出现的故障。

(1) 首次运行一周后检查

① 过滤器积垢程度检查；

② 调压柜(站)外泄漏检查；

③ 调压器出口压力检查。

(2) 每月例行检查

① 用检漏仪检测调压柜(站)有无外泄漏;

② 观察压力记录仪或压力表,检查调压柜(站)的出口压力;

③ 检查切断阀脱扣机构能否正常工作,检查切断后关闭是否严密;

④ 观察过滤器压差表读数,当其压损 $\Delta p \geqslant 0.2 \sim 0.3$bar 时应清洗或更换滤芯;流量计前的过滤器其压损 $\Delta p \geqslant 0.1 \sim 0.15$bar 应清洗或更换滤芯;若无压差表,应根据气质清洁程度,定期安排清洗、更换滤芯;排水或排污;清洗或更换滤芯时应先将其前后阀门关闭,泄压后才能进行;

⑤ 检查调压柜(站)有无外力损坏。

(3) 每3~6个月定期检查维修

① 建议至少每3个月对调压器的关闭压力进行一次检查;

② 建议至少每3个月对切断阀、放散阀进行一次压力设定值检查;

③ 建议每3~6个月(当介质为人工煤气时缩短至1~3个月)对调压器、切断阀内部零件进行清洁维护,对其易损件如:阀瓣密封件、平衡膜、O形圈进行检查,及时更换已溶胀、老化、压痕不均匀的密封件;

④ 检查调压器、切断阀内关键零件的磨损及变形情况,必要时请更换;

⑤ 检查管道及各部件外观油漆涂层,若剥落严重请予以除锈补漆;维修前必须将调压通道前、后阀门关闭,并泄压,才能拆开或拆卸调压器、切断阀;维修总装完毕后,应先进行气密性试验,合格后才能重新使用。

3.1.7 调压装置常见故障处理

调压柜(站)的故障及处理方法与切断阀、调压器选用的型号相关。以下所介绍的是最为常见的故障处理。

(1) 切断阀的常见故障及处理(表3-2)

表3-2 切断阀的常见故障及处理

常见故障	产生原因	排除方法
切断后关闭不严	1. 阀瓣密封垫溶胀、老化、变形 2. 阀瓣密封垫有杂质吸附 3. 切断阀阀口处O形圈损坏	1. 更换密封垫片 2. 清理密封垫上的杂质或更换密封垫片 3. 更换O形圈
动作不灵敏	1. 传感器撞块位置未到位 2. 脱扣臂相互间摩擦力过大	1. 调整撞块位置 2. 适当润滑,减小摩擦
脱扣机构不能上扣	1. 气动薄膜腔内有压力(超压型) 2. 气动薄膜腔内无压力(失压型) 3. 脱扣机构零件损坏 4. 手动关闭旋钮未恢复初始位置	1. 通过检测口旋塞排空气压(超压型) 2. 打开信号管进气旋塞(失压型) 3. 更换脱扣机构零件 4. 恢复手动关闭旋钮

（2）直接作用式调压器的常见故障及处理(表3-3)

表3-3　直接作用式调压器的常见故障及处理

常见故障	产生原因	排除方法
调压器不工作	1. 阀芯完全卡死或阀口堵塞 2. 薄膜破裂或弹簧断裂 3. 进口压力为零或管路断开	1. 彻底清洁阀芯和阀口 2. 更换薄膜或弹簧 3. 检查上游气源和管路连接
调压器出口压力设定值降低	1. 实际流量超过调压器的设计流量 2. 过滤器堵塞导致调压器进口压力降低 3. 进口压力过低	1. 选择合适的调压器型号 2. 清洗或更换过滤器滤芯 3. 提高进口压力
调压器阀口关闭不严（关闭压力升高）	1. 薄膜溶胀、老化或损坏 2. 阀瓣密封垫溶胀、老化或密封面有杂质 3. 阀口处O形圈损坏	1. 更换薄膜 2. 更换或清洗密封垫 3. 更换O形圈
调压器响应速度迟缓	调压器内部有杂质	清洗调压器内部组件

（3）间接作用式调压器的常见故障及处理(表3-4)

表3-4　间接作用式调压器的常见故障及处理

常见故障	产生原因	排除方法
调压器不工作	1. 切断阀已损坏 2. 调压器薄膜损坏	1. 按切断阀复位操作方法进行复位 2. 更换薄膜
调压器出口压力降低	1. 指挥器弹簧钢性不够 2. 指挥器内薄膜损坏 3. 过滤器阻塞 4. 实际流量超过调压器的设定流量 5. 调压器内部杂质过多	1. 更换弹簧 2. 更换薄膜 3. 清洗或更换滤芯 4. 选用适当的调压器 5. 清洗调压器内部
调压器出口压力升高	1. 指挥器阀瓣处有泄漏 2. 调压器阀瓣密封垫溶胀、老化或密封面有杂质 3. 薄膜溶胀、老化或损坏 4. 阀瓣组件内O形密封圈损坏	1. 检查指挥器、更换失效零部件 2. 更换或清理密封垫 3. 更换薄膜 4. 更换O形圈
调压器出口压力波动大	1. 信号管路过长或存在气阻 2. 先导阀与主阀匹配不良 3. 气体流速过快 4. 控制信号管路泄漏或堵塞	1. 缩短信号管路长度 2. 检查匹配性，必要时更换组件 3. 降低流速或加缓冲罐、限流阀 4. 修复泄漏或清理信号管路

3.2 计量模块

3.2.1 流量计概述

流量计通常是作为自动化控制中的检测仪表或测量一个时间段的总累积流量的仪表。流量以时间类型分为瞬时流量和累积流量。瞬时流量即单位时间内通过一定截面的流量；累积流量是指一段时间内流体通过一定截面的累积量。瞬时流量与对应时间之间的积分可以求得累积流量。流量是导出量，根据导出基本量单位组成分为体积流量和质量流量。体积流量与质量流量可以通过密度换算互相得到。

目前，常用于调压设施和用户的计量装置类型有差压式孔板流量计、涡轮流量计、超声波流量计、腰轮流量计等。

3.2.2 差压式孔板流量计

差压式孔板流量计由一次检测件(节流件)和二次装置(差压变送器和流量显示仪)组成，广泛应用于气体、蒸汽和液体的流量测量。其优点是，应用最多的如孔板流量计，结构牢固，性能稳定可靠；应用范围广泛，至今仍是使用最多的一类流量计；检测件、变送器和显示仪表可由不同厂家生产，便于规模生产。其缺点是，测量准确度不稳定，受安装和流体冲击影响(如孔板、喷流量计)容易产生磨损，进而影响测量数据准确性；现场安装条件要求高，安装不准确会对测量准确度产生较大影响；产生压损大。

3.2.3 超声波流量计

超声波流量计是采用传播时间差法通过测量高频声脉冲的传播时间差得出气体流量的速度式流量计。让声脉冲在管道内向逆流和顺流沿斜线方向传播，分别测量它们的传播时间，其传播时间差与气体的轴向平均流速有关，从而使用数值计算技术计算出在工作条件下通过气体超声流量计的气体轴向平均流速和流量。

超声波流量计是通过检测流体流动对超声束(或超声脉冲)的作用测量流量的仪表。超声波在流动的流体中传播时就载上流体流速的信息。因此通过接收到的超声波就可以检测出流体的流速，从而换算成流量。根据检测的方式，可分为传播时间差法、多普勒法、波束偏移法、噪声法及相关法等不同类型的超声波流量计。超声波流量计是近十几年来随着集成电路技术迅速发展才开始应用的一种非接触式仪表，适用于测量不易接触和观察的流体以及大管径流量。它与水位计联动可进行敞开水流的流量测量。使用超声波流量计不用在流体中安装测量元件，故不会改变流体的流动状态，不产生附加阻力，仪表的安装及检修均可不影响生产管线运行，因而是一种理想的节能型流量计。其优点是：超声波流量计是一种非接触式仪表，它既可以测量大管径的介质流量也可以用于不易接触和观察的介质的测量；它的测量准确度很高，几乎不受被测介质的各种参数的干扰，尤其可以解决其他仪表不能解决的强腐蚀性、非导电性、放射性及易燃易爆介质的流量测量问题；无接触测量系统，流量计量过程无压力损失；可精确测量脉动流；量程比很宽；传感器可实现不停机更换，操作维修方便。其缺点是，超声波流量计的温度测量范围不高，一般只能测量温度低于 200℃的流体；抗干扰能力差，易受气泡、泵及其他声源混入的超声杂音干扰，影响测量精度；安装的不确定性，会给流量测量带来较大误差；测量管道因结垢会严重影响测量准确度，带来显著的测量误差，甚至在严重时仪表无流量显示；可靠性、精度等级不高，重复性差，使用寿命短。

图 3-1　超声波流量计

超声波流量计一般要求 4 声道，以克服燃气速度分布畸变及旋转流等不正常流动速度场带来的影响。

超声波流量计(图 3-1)，当 L 较长时可测得超声波在顺流与逆流中传播较准确的时间差，因此一般较大口径(*DN*100)的流量计便于制造以保证准确度。

3.2.4　涡轮流量计

涡轮流量计，即速度式流量计，其结构见图 3-2。进入流量计的被测气体，经截面收缩的导流架加速后，通过进口通道作用在涡轮叶片上，推动叶轮转动。叶轮轴安装在滚动轴承上。与被测气体体积成正比的叶轮转数，经多级减速后传送到多位数的计数器上，显示出被测气体实际状态下的体积量。

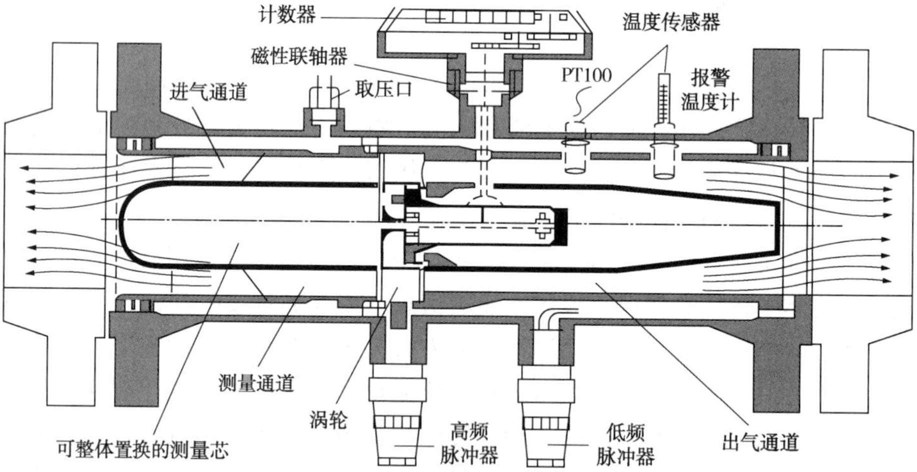

图 3-2　涡轮流量计

涡轮流量计是速度式流量计中的主要种类，当被测流体流过涡轮流量计传感器时，在流体的作用下，叶轮受力旋转，其转速与管道平均流速成正比，同时，叶片周期性地切割电磁铁产生的磁力线，改变线圈的磁通量，根据电磁感应原理，在线圈内将感应出脉动的电势信号，即电脉冲信号，此电脉冲信号的频率与被测流体的流量成正比。气体涡轮流量计采用涡轮进行测量。它先将流速转换为涡轮的转速，再将转速转换成与流量成正比的电信号。这种流量计用于检测瞬时流量和总累积流量，其输出信号为频率，易于数字化。其优点是，气体涡轮流量计精度高，压力损失小，始动流量低，对温度压力和流量进行自动补偿，电池供电，可输出多种信号，使用寿命长，安装维修方便。气体涡轮流量计是一种测量封闭管道中气体介质流量的速度式仪表，适用于燃气及其他工业领域中的气体流量精确测量。气体涡轮流量计是集流量、温度、压力检测功能于一体，是石油、化工、电力、冶金、工业锅炉等工业行业的燃气计量和城市天然气、燃气调压站及燃气贸易计量的理想仪表。它抗振与抗脉动流性能好、量程比宽等特点。其缺点是，要长期保持校准特性，需要定期校验；介质中含有的悬浮物或腐蚀性成分，会造成轴承磨损及卡住等问题，会改变其精度并限制其适用范围；涡轮流量计受流场分布影响较大，因此对入口无整流器的流量计应按要求对传感器的上下游侧设置直管段，对入口设计有整流器的流量计也应按使用说明的要求设置直管段长度；不适合在存在较强脉动流的场合使用，也不适用于混相流的测量；对被测介质的清洁度要求较高，需按要求安装过滤器，但这也带来压损的增大。

针对每个承运商和平衡区域，GRTgaz 都会计算每日不平衡量和累积不平衡量，然后与上述三个限制进行比较。

3.2.5 腰轮流量计

腰轮流量计是用于对管道中流量进行连续或间歇测量的高精度计量仪表。腰轮流量计主要用于各种行业工业管道中大口径气体、液体、蒸汽介质流体的流量测量。腰轮流量计特点是压力损失小，量程范围大，在测量工况体积流量时几乎不受流体密度、压力、温度、黏度等参数的影响，无可动机械零件，因此可靠性高，维护量小。仪表参数能长期稳定工作。插入式腰轮流量计采用压电应力式传感器，可靠性高，可在-20~250℃温度范围内工作。有模拟标准信号，也有数字脉冲信号输出，容易与计算机等数字系统配套使用，是一种比较先进、理想的流量仪表。其优点是，应用次数最多，结构牢固，性能稳定可靠，使用寿命长；应用范围广泛，至今尚无任何一类流量计可与之相比拟；检测件与变送器、显示仪表分别由不同厂家生产，便于规模经济生产。其缺点是，现场安装条件要求高。

3.2.6 流量计选型注意事项

如今天然气已广泛使用，各种不同使用状况和需求对流量计量的要求有很大的差别，同时，由于气体的可压缩性，对于流量的测量，气体要比液体困难得多。若要求气体计量达到相当高的精度，则计量仪表的经济投入必然巨大。因此，合理选择测量方法及功能、特性、经济适用的流量仪表是非常必要的。

不同的燃气计量技术满足不同用户的需求。超声波流量计在工商业用燃气计量场合具有明显的优势，但超声波技术在小管径的家用燃气计量方面存在局限性；气体腰轮流量计和涡轮流量计目前仍是城市天然气计量的主要产品。对于流量范围较宽的计量领域，气体腰轮流量计为首选产品。随着城市燃气的发展以及人民生活水平的提高，新的燃气计量技术将不断涌现。为适应不同流量燃气设备并存、燃气使用流量的波动范围越来越大的趋势，燃气表将向着更宽量程比和更高准确度的方向发展。

（1）贸易计量时，需流量计的精度达到0.5级。

（2）需明确流量计的最大量程和最小量程。管网最小流量负荷应大于最小设计流量。

（3）当管网近期和远期流量变化较大时，建议近期使用小流量表、远期使用大流量表，以保证计量精度。

（4）注意超声波流量计及涡轮表体积修正仪的选配合理。

（5）在门站设计时尽量考虑在线标定系统接口。

3.3 过滤模块

3.3.1 模块作用

为了保证门站调压器及流量计的正常运行，需对来气进行前处理，过滤器在城镇燃气系统中起着保护设备的关键作用。

一般来说，城镇燃气输配系统中的杂质按时间顺序分为来自气田自身的杂质、长输管线中的杂质、长输管线事故后进入管道的杂质、门站后到调压站前管网的杂质以及施工中或者事故后进入管道的杂质。从杂质类型来看，主要包括：气井开采中可能产生的固体颗粒；施工中带入管线的土壤、沙砾焊渣等；管道锈蚀产生的锈渣；管道破损后进入的杂质。按杂质粒径可分为：大于10μm的杂质；小于10μm的杂质。按杂质的危害可分为：直接能损害后继设备的杂质；对设备损害较小的杂质；损害忽略不计的杂质。

3.3.2 模块机理

城市天然气门站一般要求过滤器对5μm的粉尘过滤精度达到99%。在燃气输配系统中使用的过滤器是气体过滤器，其作用是将气体与气体中携带的固体颗粒进行分离。常见的过滤机理分为惯性作用、扩散作用和静电作用。

惯性作用是指大颗粒粉尘随天然气的高速流动做惯性运动，具有一定的动量。当气流遇障绕行时，粉尘因惯性偏离气流方向并撞到障碍物上，碰撞到介质时被拦住。粉尘粒径越大，惯性力越强，撞击障碍物的可能性越大，过滤效果越好。

扩散作用是指小颗粒粉尘做无规则的布朗运动，由于研究布朗运动时使用扩散（Diffusion）理论，所以有扩散原理这一解释。粉尘越小，无规则运动越剧烈，撞击障碍物的机会越多，过滤效果越好。

静电作用是指过滤材料带静电或者粉尘带静电，过滤效果可以明显改善。其原因主要有：静电使粉尘改变运动轨迹并撞向障碍物；静电使粉尘在介质上粘得更牢固。传统过滤理论中有种“拦截”激励，它是对既无惯性又无扩散作用时粉尘撞击纤维的一种解释。这种现象实际上并不存在，它只是数学推导中的一种极端情况。天然气中的小颗粒粉尘主要做布朗运动，粒子越小，过滤器的效率越高；大颗粒粉尘主要做惯性运动，粒子越大，过滤器的效率越高。扩散和惯性效果都不明显的那部分粉尘最难过滤，对过滤器性能而言，过滤效率最低点的效率值最具代表性。被捕捉的粉尘对气流产生附加阻力，使用中过滤器的阻力会逐渐增加。被捕捉到的粉尘与过滤介质合为一体而形成附加的障碍物，所以使用中过滤器的过滤效率也会有所提高。

3.3.3 过滤设备设置原则及方式

在城镇燃气输配系统中，过滤器的设置需遵循以下原则：

（1）根据要求选择不同过滤效率的过滤器，保证需要的过滤粒径要求；

（2）尽可能减少压降损失；

（3）对杂质处理简便、安全，不影响供气；

（4）尽可能减少维护次数；

（5）减少易损件。

过滤器常用的有旋风式过滤器和滤芯式过滤器。

旋风式过滤器利用惯性作用，过滤精度较低，处理能力比较大，体积大，维护和检修方便，一般用在气质较脏、后面设备对气质要求不高时。滤芯式过滤器的种类很多，过滤精度可以做得很高，处理能力相对较小，维护和检修不太方便，一般用在气质较洁净时；气质脏时需要经常维护；后面设备对气质要求高时效果较好。因此，在城镇燃气输配系统中，一般按照下述方式配置过滤器：

（1）设置在城市门站内的过滤器，接收天然气后对气体进行处理，将长输管线中的绝大多数杂质过滤掉，一次性集中处理，减少下游城市输配中压管网杂质的处理量，从而降低下游管网过滤器的综合费用，在经济上比较合理。城市门站的过滤系统通常设置为二级过滤。一级采用旋风式过滤器，二级采用滤芯式过滤器。

（2）设置在区域调压站的过滤器应主要是将门站后到调压站前管网中的杂质处理掉，保护调压器等贵重设备，采用滤芯式过滤器。

（3）在用户调压箱内的过滤器是燃气用具的最后一道保护装置，主要是拦截城市中压输配管网运行当中的杂质，保护燃气用具的安全可靠用气，采用滤芯式过滤器。

3.3.4 常见过滤设备

在高压天然气站场中选用的过滤设备常见的有三种：旋风分离器、过滤分离器、过滤器。见图 3-3。

旋风分离器：是利用离心力原理，燃气从立窄缝形进气口切向进入，利用气流动能在管内形成旋风流，由于燃气中的固体颗粒及液滴的密度差异，在离心力的作用下，清洁燃气从上导管流走，固体颗粒及液滴经下导管落入旋风分离器底部，从排污口排出。旋风管的数量根据燃气流量和允许的压降确定。

过滤分离器：一般为卧式结构。燃气从进气口进入隔板左侧的滤芯室内，气体从管状滤芯外侧向滤芯中心汇聚，过滤后的气体通过安装滤芯的根部钢管，进入隔板右侧的空间，通过叶片式分离元件进一步分离气体中微小液滴，最后净化的气体从出口排出；分离出的杂质和液滴分别从隔板左右室经积液器排出。

过滤器：常用的过滤器为立式。气体从侧面进入，从滤芯外侧穿过滤材向中心汇聚，杂质被挡在滤芯外围并下落到底部聚集排出，清洁气体从与滤芯内部连通的弯头和管道排出。

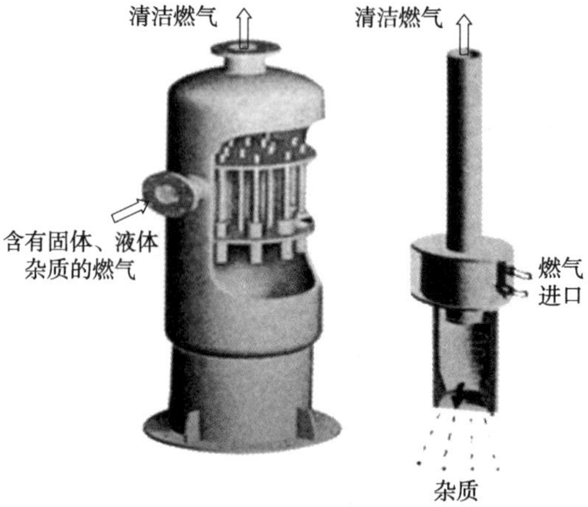

(a)旋风分离器

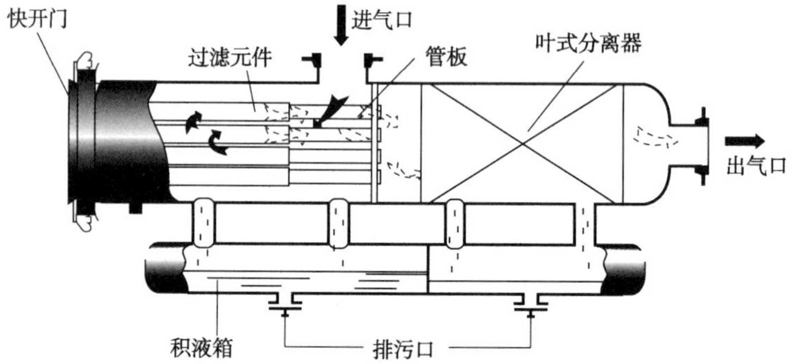

(b)过滤分离器

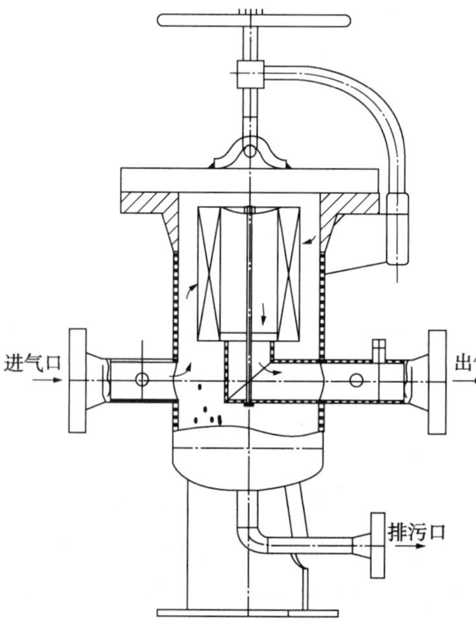

(c)过滤器

图 3-3　常见过滤设备

上述三种过滤器性能比较见表 3-5。

表 3-5　过滤除尘设备性能比较

项目	旋风分离器	过滤分离器	过滤器
性能参数	10μm 的颗粒，过滤精度为 98%；压损大	1~5μm 的颗粒，过滤精度可达 99.9%，大于 5μm 的液滴过滤率不低于 98%，压降 0.015MPa	可去除≥10μm 的固体颗粒，分离效率可达 98%；过滤精度可提高到 5μm；压损小
适用场合	一般用在门站前来气较脏、粗分离，不宜单独使用	可以单独使用，大型门站首选。过滤精度高	一般用在小型门站和区域调压站内，站前管道相对较短
价格	高	一般	低
运行维护	复杂，体积大	通过快开盲板容易更换滤芯	体积小，更换简单

3.3.5　改善过滤效果的措施

（1）增大过滤面积。由于燃气中含有杂质，首先采取增大过滤面积的办法来改善其过滤效果，即加大滤芯或滤网的尺寸或增加滤芯个数来增加过滤面积。同时将过滤器筒体直径加大，减缓气体的流速。

（2）采用反吹流程。为减少过滤器清洗的劳动强度和频次，可采用反吹流程。一般在过滤器出口设置一阀门，对过滤器外接气源如氮气或从高压端引入气体，对滤芯进行反方向吹扫，此操作过程要求切断过滤器前后管路的阀门。接入高压气体后，排污阀打开将吸附在滤芯上的杂质冲刷下来，并通过排污阀排出。操作过程中，排污阀应瞬间打开，排出一定杂质后关上，连续几次间歇性排污后，过滤器的杂质将被清除。

（3）改善排污口。将过滤器筒体底部容积加大，以增加杂质存放空间。一般过滤器的排污口较小，为解决杂质颗粒比较大而堵塞排污口的问题，将排污口根据空间的允许适量放大。

3.4　加臭模块

天然气是无色无味有毒气体，为便于发现天然气泄漏，在天然气为城市输配过程中采用加臭工艺是一个重要的安全措施。

加臭剂储罐的容量以 3~6 个月用量为宜；对于供气量大于 $50\times10^4 m^3/d$ 的用户，加臭剂储量可缩减至 1 个月或 2 个月用量。

3.4.1　滴入式加臭装置

滴入式加臭装置是将液体加臭剂以单独的液滴或细液流的状态放入燃气管道中，在此蒸发并与燃气流混合。由于液滴或细液流的蒸发表面很小，因此所采用的臭味剂应具有较大的蒸气压。

3.4.2 吸收式加臭装置

该装置是使部分燃气进入加臭装置中，在其中被蒸发的加臭剂饱和，然后再使这部分含有饱和加臭剂的燃气进入主管道，与未加臭的燃气混合。

加臭装置由控制系统将流量传感器的电流信号变换为数字信号送入转换器，根据燃气流量的变化自动控制加臭量。通过频率的设定，可以保证燃气的流量在最大与最小的范围内保持加臭剂浓度的均匀稳定。装置中的主要设备为一个隔膜式计量泵，能将泵与加臭剂分开，以防加臭剂泄漏。

GB 55009—2021《燃气工程项目规范》中第 3.0.7 条明确规定："燃气应具有当其泄漏到空气中并在发生危险之前，嗅觉正常的人可以感知的警示性臭味。"对于加臭剂的要求，CJJ/T 148—2010《城镇燃气加臭技术规程》第 3.1.1 条及第 3.1.2 条规定："加臭剂的气味应明显区别于日常环境中的其他气味，且气味消失缓慢"。"加臭剂浊点应低于-30℃；在燃气管道系统中的温度及压力条件下，加臭剂不应冷凝；加臭剂溶解于水的程度不应大于 2%（质量分数）；在有效期内，常温常压条件下储存的加臭剂应不分解、不变质；在管道输送的温度和压力条件下，加臭剂不应与燃气发生任何化学反应，也不应促成反应；加臭剂燃烧后不应产生固体沉淀；加臭剂及其燃烧产物不应对人体有毒害，且不应对与其接触的材料和输配系统有腐蚀或损害；加臭剂具有在空气中能察觉的含量指标。"

3.4.3 四氢噻吩加臭剂

目前，世界上大多数国家包括我国燃气行业大多使用四氢噻吩（THT）作为加臭剂，THT（分子式：CHS）是无毒无害、透明油状液体。环境危害：对皮肤有弱刺激性；对水体可造成污染。燃爆危险：本品易燃，遇高热、明火及强氧化剂易引起燃烧；爆炸下限 1.1%、爆炸上限 12.1%。

为了提高燃气供应的安全性，加臭剂浓度应保持在一定的数值范围内，以保证管道末端的加臭剂浓度大于最小检测量。城镇燃气管道内加入加臭剂后，由于管道对加臭剂的吸附，随着时间的推移和与加臭点距离的增加，加臭剂浓度会逐渐降低；当管道末端的加臭剂浓度低于最小检测量时，一般要在加臭点加大加臭量或增加加臭点。

多点加臭是避免加臭剂由于传输距离较长而加臭剂浓度降低较大，并避免燃气加臭不均匀的方法之一。根据调查，目前国内燃气供应单位加臭剂起始点的加入量均大于末端的检测量，除新管道对加臭剂的吸附因素，找不出加臭剂消失的具体原因。另外，我国目前天然气的来源广泛，气质标准不统一。如果天然气中含有少量的水或杂质，可能会造成很多加臭剂损失，这不仅是加臭剂浪费的问题，还会造成管道腐蚀。

3.4.4 供气站加臭装置流程

供气站加臭装置主要由加臭剂罐、阀门组、输出计量标定装置等组成。采用加臭泵加臭，加臭量的大小由柱塞泵工作轴的行程大小和工作轴的往复式运动频率快慢来确定，可人为调节。柱塞泵的往复式运动频率快慢随着季节的不同，由人工手动输入频率来控制。

整个流程分为加臭剂流动路线和控制路线。加臭剂流动路线为：加臭剂罐、加臭泵、天然气管道；控制路线为：采集天然气流量信号、控制器、设定控制参数、驱动加臭泵自动加臭。

3.4.5 供气站加臭装置存在的问题

（1）无法实现按流量加臭

由于某天然气门站现用的RL-P1B11X型燃气加臭控制系统由单独的PLC控制器对加臭泵的启停进行人工操作，且现场加臭泵没有和天然气流量信号连接，不是根据天然气的实时流量进行自动加臭，故只能采用手动设定、定量加臭的方法进行加臭。

（2）不确定单次注射量

加臭泵投运时，厂家将单次的注射量调节为250mg(最适合加臭泵的运行工况)，但投运后经过多次维修保养，两台柱塞泵的冲程长度已被多次更改，现已无法确认加臭泵的单次注射量。

（3）不确定加臭剂加注量

现用的加臭方式为手动设定、定量加臭，但这种方法不能根据天然气流量的变化及时调整加臭剂流量。如果民用气的需求量变化幅度较大，则会导致天然气流量大的时候加臭剂添加量不足，对下游用户的安全用气造成影响；天然气流量小的时候加臭剂添加量相对较大，造成加臭剂的浪费。

3.4.6 加臭装置优化

（1）加臭泵单次注射量的调试

准确调试加臭泵的单次注射量是保证加臭精度的最基本因素。首先关闭加臭剂输出阀门，打开回流阀门、液面计阀门以及管路各阀门，使加臭设备处于回流状态，然后调节加臭泵柱塞行程改变单次注射量。调节完毕后关闭液面计阀门，观察加臭泵每运行一次玻璃管液位计中液面的下降刻度(液位每下降1cm为1000mg)，重复上述步骤，直至加臭泵每运行一次液面计下降0.25cm就可以将加臭泵的单次注射量确定为250mg。

（2）加臭泵注射频率的变化规律

供气站主要负责向城区输送天然气，而天然气的流量，冬季和夏季、每天不同时间都有明显的变化规律及所需加臭量变化规律。

$$注射频率=(流量\times标准加臭量)/单次注射量$$

3.4.7 加臭泵注射频率改造方案

由于季节不同和高峰时间用气量波动大，因此，加臭方式不能按照日平均供气量来确定，而要根据天然气小时流量和日供气量两方面因素确定加臭方式。天然气气量是实时变化的，所以加臭泵注射频率应按天然气量实时改变，建议将加臭系统实现自动加臭。

整个流程同样分为加臭剂流动路线和控制路线。加臭剂流动路线为：加臭剂罐、加臭泵、天然气管道；控制路线为：采集天然气流量信号、控制器、设定控制参数、驱动加臭泵自动加臭。通过实时采集管道天然气流量自动调整加臭频次，从而实现自动加臭。加强控制措施的执行力度，切实保证外输天然气的安全性，让广大居民用上放心气。

3.4.8 加臭装置布置与安装

由于加臭装置、加臭剂的运行和使用条件均与温度有关，因此，推荐加臭装置安装在室内主要是考虑到在风沙大、雨雪多的地区，寒冷天气可以采取保温措施，高温天气可以加强通风降低室内温度，以保证加臭装置在适宜的温度下工作。

在露天设置的加臭装置要根据现场环境、气候条件等采取适当的措施，以免加臭装置受到雨淋、日晒等。

在加臭装置上安装的仪表和安全装置等部件从出厂到安装要经过运输、现场安装等多个环节，某个环节操作不当就会影响这些部件的灵活性和安全性，因此，在加臭装置运行前要对这些部件进行检验并确保其可靠有效，同时保证各连接处无泄漏。

3.4.9 加臭装置日常管理

加臭装置应由专人进行操作和管理，便于加臭装置的日常运行管理和运行数据的统一管理。对于使用四氢噻吩和无硫加臭剂的场所，可佩戴配备 A2-P2 过滤器的轻质防护面具或根据周围环境选择防护面具。如有皮肤接触液体加臭剂时，要脱去污染的衣物，用肥皂水和清水彻底冲洗皮肤；如眼睛接触液体加臭剂，要提起眼睑，用流动清水或生理盐水冲洗，并及时就医；如不慎吸入加臭剂，要迅速脱离现场至空气新鲜处，保持呼吸道通畅；如呼吸困难，要立即输氧；如呼吸停止，要进行人工呼吸，并立即就医。

检修人员可以分情况分别选择穿戴防护用品。

（1）四氢噻吩搬运和填充：穿戴四氢噻吩防护半面具、防化眼镜、轻型防化服、PVC手套、安全鞋。

（2）调制吸附剂：穿戴活性炭口罩、防化眼镜、PVC 手套、袖套。

（3）处理遗洒：穿戴防护半面具、防化眼镜、轻型防化服、氯丁橡胶手套、安全鞋、鞋套。

（4）处理泄漏：穿戴防护全面具、防毒物渗透工作服、氯丁橡胶手套、安全鞋、鞋套。

检修时，要采取安全防范措施，现场要备有消防器材、除臭剂、消除剂的稀释液和吸附剂等。以四氢噻吩为例，由于四氢噻吩除臭剂的冰点为-4℃，使用时要避免温度过低，以免造成除味效果降低；在出现遗洒和泄漏等状况时，要使用四氢噻吩消除剂的稀释液进行处理；由于四氢噻吩消除剂的氧化性较强，为避免反应过于剧烈导致起火，严禁用消除剂直接接触四氢噻吩；四氢噻吩消除剂的稀释液要由消除剂和水按质量比 1∶4 配制，配制溶液时需佩戴防护用具，并使用玻璃或塑料容器；使用后的残留液体要送到有资质的废物处理厂焚烧。

3.5 调峰站模块

3.5.1 调峰站作用及需求

2018 年 4 月 26 日，国家发展改革委、国家能源局印发《关于加快储气设施建设和完善储气调峰辅助服务市场机制的意见》的通知，认真践行习近平新时代中国特色社会主义思想，加快推进天然气产供储销体系建设，贯彻落实《中共中央　国务院关于深化石油天然气体制改革的若干意见》(中发〔2017〕15号)，补齐储气调峰短板。通知中提到：截至目前，我国地下储气库工作气量仅为全国天然气消费量的3%，国际平均水平为12%~15%；液化天然气(LNG)接收站罐容占全国消费量的2.2%(占全国LNG周转量的9%)，日韩为15%左右；各地方基本不具备日均3天用气量的储气能力。天然气作为优质高效、绿色清洁的低碳能源，未来较长时间消费仍将保持较快增长。尽快形成与我国消费需求相适应的储气能力，并形成完善的调峰和应急机制，是保障天然气稳定供应，提高天然气在一次能源消费中的比重，推进我国能源生产和消费革命，构建清洁低碳、安全高效能源体系的必然要求。通知指出，要加强规划统筹，建立以地下储气库和沿海LNG接收站储气为主，重点地区内陆集约、规模化LNG储罐应急为辅，气田调峰、可中断供应、可替代能源和其他调节手段为补充，管网互联互通为支撑的多层次储气调峰系统。严格行业监管。加强对违法违规、履责不力行为的约谈问责、惩戒查处和通报曝光。将各地和有关企业建设储气设施、保障民生用气、履行合同等行为分别纳入政府及油气行业信用体系建设和监管范畴。

3.5.2 LNG简介

LNG工业在世界上已有60多年的发展历史，技术成熟，已形成了从液化、储存、运输、气化到终端利用的一整套工艺。LNG装置按类型和用途划分主要有调峰型、基地型和终端型。

(1) 调峰装置(peak shaver)

将天然气液化储存用于调峰，主要建设在远离天然气气源的地区，在发达国家广泛用于天然气输气管网，对城市用气量的波动进行平衡。和电力供应相仿，一座城市天然气的用量随时间的不同会有不同程度的变化。比如一年之内，冬季由于取暖的原因用量要远远大于夏季(以北京为例，冬夏季天然气峰谷用量相差4~10倍)。因此当城市的用气量达到一定规模时，就需要一定的手段调峰，即把用气低谷时多余的天然气储存起来在用气高峰时再将其送回城市管网。城市天然气的调峰通常有两种手段，一种是用压力储罐储存高压气态的天然气，一种是以液化的方式储存常压低温的天然气。因为液化天然气压力低，单位体积储存量远远大于其他方式，所以LNG储存调峰，更安全，单位投资更节省，是先进有效的调峰方式。

LNG调峰装置通常液化能力不大，但储存能力和再气化能力较大。年运行时间通常在150~200天。

(2) 基地装置(base load)

基地装置又称基荷型装置，主要用于大量生产LNG，供出口或贸易。LNG基地装置多建在沿海地点，便于装船运送到输入国或地区。工厂处理量很大，且要与气源和LNG运输船的装运能力相匹配。基地型装置的液化能力很大，没有再气化设施。国外也有小型的基地装置生产燃料供交通工具或卫星城镇使用。LNG作为交通燃料是比较新的而且前景非常好。生产燃料的液化装置本质上和调峰装置是相同的，只是液化天然气的储罐更小些，而且是以液体而不是气体的形式送出。

（3）终端装置(terminal)

终端装置又称接收站，用于大量接收、储存由 LNG 运输船从海上运来的 LNG。储存的 LNG 气化后，可以再进入管网供应用户。终端装置液化能力普遍较小，储罐的容积和再气化能力较大。

除上述三种主要类型外，还有一些其他类型的 LNG 装置，如卫星型(satellite)和浮动型(floating)等。

3.5.3 LNG 生产工艺

LNG 生产装置通常由预处理、液化、储存和产品送出四部分组成，现只针对预处理和液化部分作简要说明。

（1）预处理

原料气一般来自油气田或者长输管线，在其进入装置时，首先要将其中夹带的液体和固体杂质去除。在液化前，还要进一步处理纯化，将原料气中的酸性气体、水分、重烃、汞等脱除，以免 CO_2、水分和重烃等低温冻结堵塞下游管道设备，以及硫、汞等对设备产生腐蚀。CO_2、SO_2等酸性气体根据含量的不同可以用物理或者化学吸收的办法脱除，物理吸收使用分子筛，化学吸收使用醇胺、砜胺等溶液；水分的脱除普遍使用分子筛；汞的脱除常使用含硫活性炭、分子筛等。

（2）液化

液化是 LNG 生产的核心。液化工艺和相关设备配置对装置的效率和投资具有决定性的影响。从 LNG 技术诞生以来，先后有节流制冷、膨胀制冷、复迭制冷、混合制冷、带预冷的混合制冷、双混合制冷以及单元混合制冷，其中运用比较多的有复迭制冷(cascade cycle)：典型的复迭制冷循环由三个单独的制冷循环组成，多为丙烷、乙烯和甲烷三个不同温度级别的循环系统串联，每个系统均有一个压缩机组，获得所需各温度级位的冷剂。复迭制冷技术成熟，除了天然气液化外，在乙烯深冷分离中亦有应用。但是其缺点很明显。机组多，流程复杂，控制、操作和维修环节繁多，因而可靠度相对较低。有些采用复迭制冷的大型 LNG 生产装置为了提高开工率，每个冷剂系统都配备了双透平，虽然这样做可以使装置即使在某个透平出问题时仍然有可能保持生产，但操作越发复杂，单位投资也大大增加。

3.6 加热模块

3.6.1 加热模块作用

气体在压缩时会产生热量，反之在减压膨胀时会吸收热量，此时温度会下降甚至液化、凝固，为了防止发生天然气凝固堵塞管路，需要在减压前进行加热。

3.6.2 天然气复热方式的种类

（1）热交换器复热

热交换器是一种常用的天然气复热设备，通过与高温介质进行热交换，将高温介质的热量传递给降压后的天然气，从而提高其温度。热交换器可以采用不同的工作原理，例如壳管式、板式或螺旋式等，具有热效率高、运行稳定等优点。

（2）燃烧器复热

燃烧器复热是一种将燃料燃烧产生的热量直接传递给降压后天然气的方式。燃烧器可以采用不同的燃料，例如天然气、煤气或液化石油气等。燃烧器复热具有响应速度快、控制精度高等优点，但需要考虑燃料供应和燃烧产生的废气处理等问题。

（3）电加热复热

电加热是一种将电能转化为热能，并将热能传递给降压后的天然气的方式。电加热具有无污染、能量利用率高等优点，但需要考虑电能供应和电加热设备的安全性等问题。

（4）微波加热复热

微波加热是一种利用微波辐射将能量传递给降压后的天然气的方式。微波加热具有加热速度快、能量利用率高等优点，但需要考虑微波设备的稳定性和安全性等问题。

3.6.3 天然气复热设备选择

选择合适的天然气复热设备需要考虑多个因素，包括复热效率、运行成本、设备可靠性、安全性等。根据具体的工艺要求和经济效益，可以综合考虑以上复热方式的优缺点，选择最合适的设备。

第 4 章　LNG 瓶组气化站

4.1　国内 LNG 气化站的规模及布局概况

LNG 是天然气在常压下冷却至-162℃凝结而成的液体。LNG 的主要成分为甲烷，化学分子式为 CH_4。LNG 无色、无味、无毒且无腐蚀性。LNG 比水轻，重量约为同体积水的 45%。LNG 液态密度为 425kg/m³，气态密度为 0.714kg/Nm³，比空气轻，发生泄漏时会向上扩散，不易达到爆炸浓度。

LNG 已成为目前无法使用管输天然气供气城市的主要气源或过渡气源，也是许多使用管输天然气供气城市的补充气源或调峰气源。LNG 气化站是一个接收、储存和分配 LNG 卫星站，也是城镇或燃气企业把 LNG 从生产厂家转往用户的中间调节场所。LNG 气化站凭借其建设周期短以及能迅速满足用气市场需求的优势，已逐渐在我国东南沿海众多经济发达、能源紧缺的中小城市建成，成为永久供气设施或管输天然气到达前的过渡供气设施。

4.1.1　LNG 气化站规模

（1）大型 LNG 接收站

中国已建成多个大型 LNG 接收站，主要分布在沿海地区，用于接收进口 LNG。截至 2023 年，中国已投运的 LNG 接收站超过 20 座，年接收能力超过 1 亿 t。主要接收站包括：江苏如东、广东大鹏、浙江宁波、天津南港等。

（2）中小型 LNG 气化站

中小型 LNG 气化站主要分布在天然气管道未覆盖的内陆地区，用于工业和民用供气。全国已建成中小型 LNG 气化站数千座，单站规模从几十吨到几百吨不等。这些气化站多采用模块化设计，便于快速建设和灵活运营。

4.1.2　LNG 气化站布局

（1）沿海地区

沿海地区是 LNG 接收站的主要分布区域，依托港口优势接收进口 LNG。重点区域包括：长三角(上海、江苏、浙江)、珠三角(广东)、环渤海(天津、河北、山东)。

（2）内陆地区

内陆地区 LNG 气化站主要分布在天然气资源匮乏但需求旺盛的区域。重点区域包括：

华北(山西、河南)、西北(陕西、甘肃)、西南(四川、云南)。

(3) 偏远地区

在天然气管道难以覆盖的偏远地区(如西藏、青海), LNG 气化站成为主要的供气方式。

这些地区的气化站规模较小, 但分布密集, 以满足当地居民和工业用气需求。

4.1.3 区域分布特点

(1) 东部沿海地区

以大型 LNG 接收站为主, 接收进口 LNG 并通过管道或槽车输送到周边地区。主要服务于城市燃气、工业用气和发电。

(2) 中部地区

以中小型 LNG 气化站为主, 主要用于工业用气和城市调峰。重点区域包括河南、湖北、湖南等。

(3) 西部地区

以分布式 LNG 气化站为主, 服务于偏远地区和天然气资源匮乏区域。重点区域包括四川、陕西、新疆等。

(4) 东北地区

LNG 气化站主要用于冬季供暖和工业用气, 弥补管道天然气的不足。重点区域包括辽宁、吉林、黑龙江等。

4.1.4 政策支持与市场驱动

(1) 政策支持

中国持续推进"煤改气"政策, 鼓励使用清洁能源, 推动 LNG 气化站建设。《天然气发展"十四五"规划》明确提出加快 LNG 接收站和气化站布局。

(2) 市场需求

工业用气、城市燃气和发电用气需求持续增长, 推动 LNG 气化站建设。LNG 作为车用燃料(如 LNG 卡车)和船用燃料的需求也在增加。

4.1.5 未来发展趋势

(1) 规模扩大

预计到 2025 年, 中国 LNG 接收站年接收能力将超过 1.5×10^8t。

中小型 LNG 气化站数量将进一步增加, 覆盖更多偏远地区。

(2) 布局优化

重点加强中西部地区和农村地区的气化站建设, 缩小区域供气差距。

(3) 技术升级

推广智能化、模块化气化站, 提高运行效率和安全性。

4.1.6 典型案例

(1) 江苏如东 LNG 接收站

江苏如东 LNG 接收站是中国最大的 LNG 接收站之一，年接收能力超过 650×10^4t。

(2) 广东大鹏 LNG 接收站

广东大鹏 LNG 接收站是中国首个 LNG 接收站，年接收能力超过 680×10^4t。

(3) 新疆哈密 LNG 气化站

新疆哈密 LNG 气化站服务于偏远地区，为当地居民和工业提供清洁能源。

4.2 LNG 工艺流程

LNG 由槽车运至气化站，利用 LNG 卸车增压器使槽车内压力增高，将槽车内 LNG 送至 LNG 低温储罐内储存。当 LNG 从储罐外排时，先通过储罐的自增压系统，使储罐压力升高，然后打开储罐液相出口阀，通过压力差将储罐内的 LNG 送至气化器后，经调压、计量、加臭等工序送入市政燃气管网。当室外环境温度较低，空温式气化器出口的天然气温度低于 5℃时，需在空温式气化器出口串联水浴式加热器，对气化后的天然气进行加热。液化天然气瓶组站见图 4-1。

图 4-1　液化天然气瓶组站

通过 LNG 移动加注车将 LNG 充装到杜瓦瓶，依靠瓶内工作压力将 LNG 压出瓶送入空温式气化器，吸收空气的热量将 LNG 气化为接近常温的气体，再经调压、计量、加臭，供给终端用户应用。LNG 瓶组供应链包括充装、运输、使用(气化供气)三个环节。

4.3 LNG 瓶组种类

（1）自然气化：利用大自然中客观存在的热能通过液化气瓶壁传热，把液态天然气转变为气态天然气(由于自然气化和大气温度息息相关，所以气化量有限制，只适用于用气量小的地方)。

（2）强制气化：强制气化必定有一个气化间，在气化间内有气化器。以水域式气化器为例：利用水作为传热介质，电加热器对水进行加热，再通过气化器内浸在热水中的容器对液化天然气提供热量，当气化器工作时，液化天然气通过进气管充入浸在热水中的容器，液化气随即被加热、气化。同时浸在热水中容器又能不断补偿气化时所需热能，从而保证气化器出口有稳定的气体输出。

4.4 LNG 瓶组工艺流程

设备大致分为四部分：杜瓦瓶、气化器、调压器、流量计，另有加臭器和复热器等设备。可以根据用户需要选择安装。在 LNG 项目初期的设备选型中，既要满足用户用气需求，又要考虑降低设备成本及日后运行维护成本。

杜瓦瓶：根据用户用气量选购，一般为两批，一备一用，保证更换或充装时，不间断供气。

气化器：因气化器长时间运作，导致结霜，影响气化效率，气化器采取双路 $75m^3/h$ 规格，一用一备，在主路结霜无法使用时，启用备用气化器，保障燃气供应。

调压器：气瓶内 LNG 液体在气化后，压力较高，采取单路二级调压，使压力降至正常范围。

流量计：普通膜式燃气表即可满足计量需要。如果在相对较为偏远的地区使用，可以选择加装远传功能，用以及时提供气瓶液相压力、出口压力、备瓶压力等参数并进行泄漏报警，方便进行管理。如果用户在冬季用气量较大，还可以考虑使用带有温压补偿功能的流量计，以保障其计量的准确性。

（1）连接用气阀拆卸流程

① 依次关闭增压阀、用气阀、汇管低温截止阀。

② 利用防爆工具缓慢卸下低温瓶连接管，软管接头应妥善保护，防止损坏软管接头或软管内进入杂质等。

（2）连接进出液阀拆卸流程

① 依次关闭进出液阀、汇管低温截止阀，等待约 3min，使软管内液体尽量气化，防止

液体溅出冻伤皮肤。

② 利用防爆工具缓慢卸下低温瓶连接管，软管接头应妥善保管，以防损坏软管接头或软管内进入杂质等。

（3）充装 LNG 低温瓶

① 准备就绪，连接充气管，依次打开放空阀、进出液阀。

② 在充装过程中，根据加液机上显示进液流量控制放空阀开关大小直到充装完成。不得超装。

③ 充装完毕，依次关闭放空阀、进出液阀，待充装软管气化一段时间后将其卸下(拆卸充装软管时要缓慢，防止液体飞溅冻伤皮肤)。

④ 检漏仪检测 LNG 低温瓶各阀口处是否有漏气现象。

（4）连接 LNG 低温瓶组

连接用气阀供气：

① 将软管连接用气阀后，依次打开用气阀、汇管低温截止阀、气化器双路进口阀。

② 检漏仪检测软管连接处是否有漏气现象。

连接进出液阀供气：

① 将软管连接进出液阀后，依次打开进出液阀、汇管低温截止阀、气化器一路进口阀(另一路备用)。

② 检漏仪检测软管连接处是否有漏气现象。

4.5 LNG 瓶组设备

LNG 是天然气经过净化低温冷冻处理，将气态天然气温度降至-162℃使之转化成液态进行储存，然后再将液态天然气进行气化使用的物质，在液化天然气气化站中通常有 LNG 低温储罐、LNG 卸车增压(储罐增压)设备、空温式气化器、加热器(BOG、EAG 加热器)、LNG 复热器、调压计量加臭装置等。

液化天然气瓶组站主要设备有：LNG 绝热气瓶、空温式气化器、调压装置及加臭装置。LNG 杜瓦瓶通过金属管与气化橇连接；开启阀门，液化天然气输送至空温式气化器；气化器翅片吸收空气中的热量气化液化天然气；气化后的天然气经调压、加臭后输送至燃气管网供用户使用。

（1）空温式气化器(图 4-2)

空温式气化器的工作原理是通过气化器翅片吸收空气中的热量气化液化天然气。空温式气化器必须安全装在室外，保证空气的流通。

（2）天然气绝热气瓶

天然气绝热气瓶主要由瓶体内外胆、气液相阀门、增压系统及安全装置组成。

① 天然气绝热气瓶是一种低温绝热压力容器，设计有双层结构，内胆用来储存低温液化天然气，在其外壁缠有多层绝热材料，具有超强的绝热性能。同时，内胆与外胆之间被

抽成高真空，共同形成良好的绝热系统，见图 4-3。

图 4-2　空温式气化器

图 4-3　天然气绝热气瓶

② 天然气瓶组站安全装置——安全阀(图 4-4)。安全阀的作用是，超压时起到保护设备及管道的作用。容器压力超过安全阀的标定压力时，安全阀自动开启，保护设备和管道安全工作。

时代山湖海瓶组站天然气绝热气瓶的强度试验压力为：2.6MPa；工作压力为：1.4MPa；安全阀起跳压力为：1.59MPa；为确保瓶组站运行安全，将天然气气化橇安全阀起跳压力标定为 0.65MPa。气温升高时，天然气绝热气瓶内低温液化天然气吸热导致压力上升，安全阀起跳微量排放，确保设备及管道安全运行。

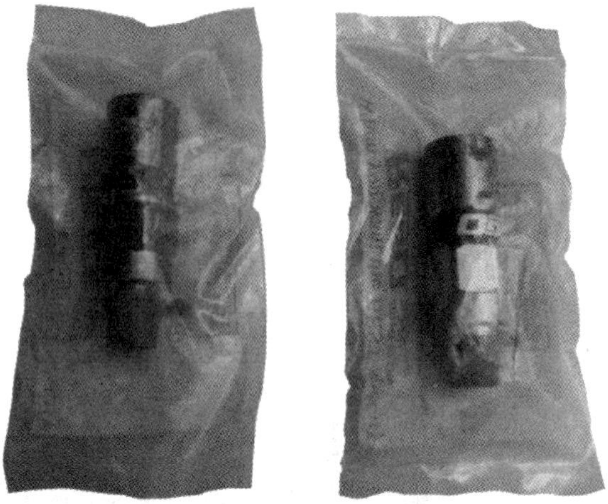

图 4-4　安全阀

③ 天然气瓶组设备参数：

设计温度：80~196℃。

强度试验压力：2.6MPa。

工作压力：1.4MPa。

气化橇安全阀起跳压力标定：0.65MPa。

绝热气瓶安全阀起跳压力：1.59MPa。

④ 绝热气瓶主要部件为气体使用阀，其功能为：连接该阀门，供气介质为天然气。

进出液阀绝热气瓶充装及供液阀门，连接该阀门，液化天然气输送至空温式气化器进行气化。

排放阀与气瓶气相空间相连，开启此阀可释放瓶内气体降低压力，该阀还具有溢流功能。

增压器，该阀门控制内置增压器回路，开启阀门即可向瓶内增压。

(3) 调压装置(图 4-5)

调压装置的作用是调节天然气出口压力，将管网输出压力调整至 0.2~0.3MPa。

图 4-5　调压装置

(4) 自流式加臭装置(图 4-6)

加臭量：16~25mg/Nm^3。

加臭介质：四氢噻吩(THT)。

作用：及时发现燃气泄漏，防止发生中毒等安全事故。

图 4-6　自流式加臭装置

4.6　LNG 瓶组设备运行安全

(1) LNG 钢瓶压力高于 0.8MPa 时，首先打开气相使用阀，把压力降至 0.5~0.7MPa。

(2) LNG 钢瓶在压力正常情况下，缓慢打开液相阀，使液体进入空温式气化器，打开调压器前球阀进行调压，调整至 0.2~0.3MPa 后输送至供气管网。

(3) 气化器工作时，气化器部分结露、结霜、结冰均属正常现象。不得用硬物敲击去除结冰，以免损坏换热列管。如果气化器较大，结冰高度持续上升，应关小进液阀，同时增加通风或采取其他措施除冰。

第 5 章 天然气门站安全操作规程

5.1 电工安全操作规程

（1）电工必须经有关部门安全技术培训，取得特种作业操作资格证书后，方可独立上岗操作。

（2）电气操作人员应思想集中，电气线路在未经测电笔确认无电前，应一律视为“有电”，不可用手触摸，不可绝对相信绝缘体，应按有电状态操作。

（3）工作前应详细检查自己所用工具是否安全可靠，穿戴好必需的防护用品，以防工作时发生意外。

（4）维修线路要采取必要的措施，在开关手把上或线路上悬挂“有人工作、禁止合闸”的警告牌，防止他人中途送电。

（5）工作中所有拆除的电线要处理好，带电线头包好，以防发生触电。

（6）所用导线及保险丝，其容量大小必须合乎规定标准，选择开关时必须大于所控制设备的总容量。

（7）工作完毕后，必须拆除临时地线，并检查是否有工具等物漏忘电杆上。

（8）检查完工后，送电前必须认真检查，确认合乎要求并和有关人员联系好，方能送电。

（9）发生火警时，应立即切断电源，用干粉灭火器或黄沙扑救，严禁用水扑救。

（10）工作结束后，必须全部工作人员撤离工作地段，拆除警告牌，所有材料、工具、仪表等随之撤离，原有防护装置随时安装好。

（11）操作地段清理后，操作人员要亲自检查，如要送电试验一定要和有关人员联系好，以免发生意外。

5.2 电焊工安全操作规程

（1）电焊工必须经有关部门安全技术培训，取得特种作业操作资格证书后，方可独立上岗操作。

（2）电焊机外壳，必须有良好的接零或接地保护，其电源的装拆应由电工进行。电焊机的一次与二次绕组之间，绕组与铁芯之间，绕组、引线与外壳之间，绝缘电阻均不得低于 0.5MΩ。

(3) 电焊机应放在防雨和通风良好的地方，焊接现场不准堆放易燃、易爆物品，使用电焊机时必须按规定穿戴防护用品。

(4) 交流弧焊机一次电源线长度应不大于 5m，电焊机二次线电缆长度应不小于 30m。

(5) 焊钳与把线必须绝缘良好、连接牢固，更换焊条应戴手套。在潮湿地点工作，应站在绝缘胶板或木板上。

(6) 严禁在带压力的容器或管道上施焊，焊接带电的设备必须先切断电源。

(7) 焊接储存过易燃、易爆、有毒物品的容器或管道，必须先清除干净，并将所有孔口打开。

(8) 在密闭金属容器内施焊时，容器必须可靠接地、通风良好，并应由专人监护。严禁容器内输入氧气。

(9) 更换场地移动把线时，应切断电源，并不得手持把线爬梯登高。

(10) 清除焊渣，采用电弧气刨清根时，应戴防护眼镜或面罩，防止铁渣飞溅伤人。

(11) 多台焊机在一起集中施焊时，焊接平台或焊件必须接地，并应有隔热板。所有接地(零)不得串联接入接地体或零线干线。

(12) 雷雨时，应停止露天焊接作业。

(13) 必须在易燃易爆气体或液体扩散区施焊时，应经有关部门检验许可后，方可施焊。

(14) 工作结束，应切断焊机电源，并检查操作地点，确认无起火危险后方可离开。设备应维修保养，做好“十字”作业(清洁、润滑、调整、紧固、防腐)。

(15) 附近堆有易燃易爆品，在未彻底清理或采取有效的安全措施前，不能施焊。

(16) 电焊着火时，应先切断焊机电源，再用二氧化碳灭火器等灭火器材灭火，禁止使用泡沫灭火器。

(17) 电焊时应按现场防火制度申请动火审批手续和监护措施。

5.3 户内管线安装操作规程

(1) 安装前应备齐需要的施工工具和材料，观察现场是否有火种，保持四周的空气流通。

(2) 卸堵头前应做好镀锌管、表具安装的准备工作，如准备生料带，装上必要的弯头等。

(3) 堵头卸下后，应迅速将需要安装的镀锌管拧上，但在弯头处须拧上阻气堵头，防止燃气大量外泄，以此类推直至安装到表前阀门后，关闭阀门。

(4) 在燃气外泄时，避免使用冲击钻或者有施工中可能产生着火点的行为。

(5) 表前管路安装完毕，应用肥皂水涂抹检查和检漏仪检查，严禁用明火检查。

(6) 室内管路安装须在阀门关闭后进行，检测无 CH_4 浓度方可进行，安装完毕应进行管路气密性检查，确保无泄漏。

(7) 安装人员在安装过程中，应时刻保持头脑清醒，杜绝麻痹思想，确保安装合理规范，操作安全有效。

5.4 户内管线带气维修操作规程

（1）接到用户报修，到户后须观察现场漏气程度，并打开门窗保持空气流通，疏散相关人员。

（2）管线检查须用检漏仪进行检测，并用肥皂水涂抹排查漏气点，严禁使用明火检查。

（3）如果室内大面积漏气，在查到漏气点后应及时关闭燃气阀门，保持四周空气流通，待燃气散尽后进行修理。

（4）对户内立管腐蚀需要更换的维修，须在立管总球阀处切断气源，确保管内无燃气时进行更换。

（5）在带气维修过程中，四周必须保持空气流通，现场确保无火种，避免因工具使用不当和其他的行为产生着火。

（6）带气维修中的维修人员应时刻保持头脑清醒，杜绝麻痹思想，操作安全合理。维修后需使用检漏仪复测，确认无泄漏方可恢复供气。

5.5 门站(调压站)运行操作规程

（1）供气前检查进站阀门到出站阀门之间系统有无泄漏等异常，若有异常查明原因妥善处理。

（2）供气前确认进站阀门为开启状态，安全切断阀为开启状态。

（3）检查紧急切断阀、调压器、流量计是否正常，若有异常查明原因及时解决。

（4）进气时先缓缓稍微开启出站阀门，停留片刻直到气流稳定；气流稳定后逐步打开出站阀门，同时观察流量计量程显示，使出站阀门开启度保持在流量计量程的15%~85%。

（5）对供气过程全程监护完成供气，检查整个系统做好生产记录。

（6）以上供气过程中若有异常情况，应立刻关闭进站及出站阀门，经检查处理解决后方可恢复操作运行。

（7）供气状态时，定时对系统进行巡检并做好巡检记录。

5.6 门站(调压站)设备维护规程

阀门维护：

（1）定期检查阀门，保持阀门清洁，应无泄漏等现象。

（2）定期对阀门进行维护保养和启闭操作。

（3）定期对阀门连接处的螺栓进行检查，保证其均已拧紧。

（4）在规定的时间内使用和维修，发现无法启闭或关闭不严的阀门及时维修或更换。

紧急切断阀维护：

（1）日常对紧急切断阀进行检查，保持阀体清洁无燃气泄漏等现象。

（2）定期检查切断阀是否灵活，如不灵活应对其进行加油润滑。

（3）检查切断阀动作压力是否正常及切断后关闭是否严密。

调压器维护：

（1）日常对调压器检查，保持清洁，无燃气泄漏等异常情况。

（2）经常观察压力表读数，检查调压器出口压力。

（3）定期检查调压器关闭压力、出口压力，若有异常及时调整。

安全阀维护：

（1）日常对安全阀检查，保持清洁，无燃气泄漏等异常情况。

（2）应定期校检，发现安全阀动作不灵敏、启跳和回座压力偏离整定压力较多时，应进行检修。

流量计的维护：

（1）供气时应缓慢开启阀门，逐步增加流速，以免瞬间气流冲击。运行时要避免流量过载。

（2）每年用流量计自带油泵加润滑油 3~4 次，加油量不可过多或过少。

压力表维护：

（1）日常检查有无泄漏等异常，并保持清洁。

（2）应按规定进行定期检定，如有故障应及时修理或更换。

灭火器维护：

（1）灭火器放置处应保持干燥通风，防止受潮腐蚀，避免日光暴晒。

（2）灭火器应按规定定期校验，更换干粉或药剂。

（3）灭火器充装及维修应由专业维修单位进行，应有消防部门认可的标记，并注明维修单位名称及日期。

5.7 门站电气安全操作规程

配电系统的检查：

（1）检查三项输入标准电压：380V±10%×380V。

（2）检查设备运行过程中无功功率补偿柜：功率因数超前、滞后≥0.9。

站区停电的操作：

（1）保证站区各用电设备处于关闭状态。

（2）关闭站区用电设备的空开。

（3）检查无误后，关闭总电源。

站区送电的操作：

（1）保证站区各用电设备处于关闭状态。

（2）检查无误后，合上总电源。

（3）检查三相电压是否相符、正常。

（4）依次合上各用电系统空开。

（5）启动各用电设备，观察运行情况，做好运行记录。

电气安全操作规程：

（1）电工作业时，要按规定穿戴防护用品，使用合格的绝缘工具。

（2）进行停电检修作业时，应按规定停电，开关处要挂有“有人工作，禁止合闸”的警告牌，确认无电，才能工作。

（3）电气设备和线路必须绝缘良好，应定期检修，裸露带电体应安装在碰不着的地方或设置安全围栏和明显的警告标志。

（4）临时用电应按规定高度敷设，必须在地面敷设时，应加可靠保护，不准任意拖拉或横在过道上。

（5）电气设备应安装漏电保护器。

（6）电气设备的外壳应按有关安全规程采取接地或接零措施，经常检查，保证连接牢靠。电气设备的开关应设专人管理。

（7）在产生大量蒸汽、气体、粉尘的作业场所，使用密闭电气设备。易燃易爆场所，不能使用电动工具，要使用防爆型电气设备。

（8）手提照明灯、使用行灯高度不足2.5m时，危险环境的局部照明和携带式电动工具等，应采用36V安全电压。金属容器内、隧道内、矿井内等，使用手提照明灯或行灯，应采用12V安全电压。

（9）使用手提式电动工具应根据不同类别、性能和用途，不可滥用。电动工具应由专职人员定期检查和维护，定期测量电动工具的绝缘电阻，使用合格插头，切勿将电线直接插入插座内，也不能任意调换电源线的插头，拔出插头时，应以手紧握插头，严禁拉扯电线。电动工具的防护装置（如防护罩、盖）不得任意拆卸。

（10）电气设备着火，应使用干粉灭火器、二氧化碳灭火器。

配电系统的操作注意事项：

（1）严禁在进行电路、设备维修、检查时送电，启动设备。

（2）严禁在设备运行状态下进行断电。

（3）严禁没有取证人员维修用电系统，严禁用湿布对用电系统进行擦洗，严禁违规操作。

（4）进行电气作业时，现场必须由专人进行监护。

5.8 泄漏应急处理操作规程

（1）现场第一发现泄漏工作人员大声呼叫预警或按下警铃，总指挥、副总指挥立即组织站内人员采取堵漏措施。

（2）报警：报警人员视现场情况，按照总指挥的安排，负责拨打110、120、119以及安全监管部门应急救援电话报警，同时协助安全警戒人员做好现场警戒。

（3）建立警戒区：CNG较空气轻，因此必须判断风向，使自身处于上风位，防止浓度过高，引起窒息、中毒。安全警戒人员疏散无关人员并划分禁区加强警戒和巡逻检查，轻微泄漏撤离泄漏区至少隔离300m，较大泄漏至少隔离800m。

（4）消除所有火种：灭火人员立即在警戒区内停电、停火，灭绝一切可能引发火灾和爆炸的火种。进入危险区前用水枪将地面喷湿，以防摩擦、撞击产生火花，作业时设备应确保接地。

（5）控制泄漏源：堵漏人员在保证安全的情况下堵漏。

CNG 泄漏基本处置措施：如机组在运行过程中发现大量漏气现象，必须立即关闭压缩机进、出气阀并按紧急停机按钮，此时严禁使用手机并禁止一切明火。当班人员使用便携式气体检测仪对法兰、阀门各连接处及管线进行检查，找出漏气点，并向站长汇报。如果是法兰或阀门漏气，堵漏人员必须使用防爆工具紧固螺栓；如紧固后仍然漏气，必须停气进行维修(更换密封垫等)。如果管线本体或焊缝处出现砂眼、裂缝、腐蚀等引起的大量漏气，堵漏人员必须立即关闭泄漏点的上下游阀门，及时报告站长，并请求专业维修人员到场处理。

5.9 火灾应急处理操作规程

（1）现场发现火情工作人员大声呼叫报警或按下警铃，总指挥、副总指挥立即了解失火部位和危险程度，组织站内人员立即采取抢险措施。

（2）报警：报警人员视现场情况，按照总指挥的安排，负责拨打 110、120、119 以及安全监管部门应急救援电话报警，同时协助安全警戒人员做好现场警戒。

（3）建立警戒区：安全警戒人员立即疏散无关人员并根据地形、气象等，在距离泄漏点至少 800m 范围内实行全面戒严。划出警戒线，设立明显标志，以各种方式和手段通知警戒区内和周边人员迅速撤离，禁止一切车辆和无关人员进入警戒区。

（4）堵塞泄漏，清除火种：

① 关闭漏点上游的阀门时(要尽可能地把距漏点最近的上游阀门关闭)，应站在上风向，离开气雾区或着火区。若泄漏点上游无阀门控制，可采用内衬橡皮的卡箍将漏点临时堵塞，以降低泄漏速度。

② 若阀门无法关闭或漏点泄漏量大一时难以堵塞，人员不能靠近时，要迅速将周围受到威胁的其他可燃物转移到安全地点，不能转移的要用水冷却。

③ 对发生泄漏，但还没有着火的情况，堵漏时要严防着火。不得使用非防爆电器，防止金属物品之间发生碰撞。

（5）控制火区，扑灭火灾。火灾若发生在管道裂口处，且为稳定的火炬燃烧时，可用直流水枪对准根部扑灭，也可用干粉、二氧化碳灭火器扑救。应采取措施防止火焰复燃和气雾扩散。

（6）冷却降温，减压放散。在对火区进行扑救的同时，现场指挥人员还要根据火势大小和周围易燃物的情况，及时组织人员向相邻容器表面喷水降温，以避免其他容器受火焰烘烤而导致物理性爆炸。

（7）现场指挥根据事态的变化，如事故扩大无法控制时，立即组织人员撤离。

（8）当政府应急救援工作组赶赴现场后，全站人员必须服从政府应急救援工作组指挥，积极参与应急救援。

5.10 其他情况现场应急处置措施

5.10.1 电气事故现场处置程序

（1）高压电进线柜（变压器）火灾事故。紧急通知供电部门切断电源并在进出线处悬挂接地线查找事故原因，上报主管部门。

（2）低压母线火灾事故。迅速断开变压器出线侧低压主空气开关，灭火、查事故原因。

（3）低压分回路火灾事故。应迅速切断着火回路，如果不明确可以切断临近的和上一级设备开关，灭火、查事故原因。

（4）非电气火灾事故。按情况切断有影响和不安全的设备电源，随时了解情况，做好准备工作。

（5）配电室进水事故。电缆沟进水时应采取排水措施（穿戴绝缘防护设备），当水进入配电室地面，采取排水措施后水面继续上升时应联系上级供电部门及时停电，紧急情况可以切断低压负荷后拉开户外隔离开关。

5.10.2 触电事故现场处置程序

（1）触电必须急救，急救须分秒必争。但必须顾及救助者自身安全。

（2）触电急救，首先要使触电者脱离电源。

（3）触电者触及断落在地上的带电高压导线，如尚未确定线路无电，救护人员在做好安全措施前，不能距离断线点小于8m，救护人员应迅速切断电源，或用适合该电压等级的绝缘工具解脱触电者。

（4）触电者触及低压带电设备，救护人员应设法迅速切断电源，如拉开电源开关或刀闸，拔除电源插头等；或用绝缘工具及不导电的东西等解脱触电者，也可以绝缘自己进行救护。

（5）如触电者处于高处，要采取预防措施。

（6）救护伤员有时会使照明失电，临时的照明要符合防火防爆的要求，但不能因此延误急救。

（7）伤员脱离电源后要急救。

5.11 燃气调压工安全操作规程

（1）进入调压室（柜），首先将窗户打开通风，严禁吸烟点火，不穿带铁钉的鞋子。

（2）非调压器维护、保养、操作人员未经许可，不准入内。

（3）巡回检查时，应同时查看各部件运行情况，发现问题及时查明原因并排除故障。

（4）严格按照调压器保养周期进行保养，调压器保养或调整后，要观察一段时间，待运行正常后方可离开。

（5）调压器的出口压力和超压切断压力，必须严格控制在规定范围内，未经许可不得自行改变。每月应手动检查一次。

(6) 参加调压器运行维修的人员不少于2人，较重要的作业须另有负责人。

(7) 不得盲目动用明火和电气开关，严禁明火查漏。

(8) 带气作业时应配备灭火器材，保持作业现场交通畅通，无关人员撤离现场。

(9) 若作业中放散燃气量较大，应注意风向，放散口应有足够的高度，必要时设专人警戒。

(10) 维修时采用防爆工具，必要时维修操作人员应佩戴氧气呼吸器或防毒面具。

(11) 修理站内电气设备必须断电操作。

(12) 站内不准堆放易燃易爆品，并在醒目处设“严禁烟火”的警示牌。

(13) 进入调压站需穿防静电工作服。

5.12 管道安装工安全操作规程

(1) 施工现场开工前应制定施工组织方案及安全技术措施，否则不准开工，且所有施工项目应有详细的施工方案，并进行技术交底和安全措施交底。

(2) 凡进入施工现场的人员必须佩戴好安全帽和其他劳保用品。

(3) 施工现场处于交通繁忙地段时，应注意交通安全，并按要求设立各种安全警示标志。

(4) 施工现场内危险的陡坡、深坑和交通要道应设防护或标有“危险”的标志，夜间应有红灯警示。

(5) 施工现场各种工具应摆放整齐，交叉作业或其他危险作业时应采取有效的防护措施，施工结束时应做到工完料尽。

(6) 管道安装下管前要检查起重设备是否完好，所有工具要安全可靠，支架要牢固，防止倒落伤人。向沟槽下管时，必须有一定的保护设施，切不可任意往沟内放或者在沟内用手接。

(7) 安全完成后，必须按照《城镇燃气输配工程施工及验收规范》进行强度及气密性等试验，并做好相应记录，试压前必须严格检查所有的接口、弯头、阀门、三通、水封、过滤器、管堵等是否有缺陷或未上牢情况，隐患排除后才可试压。

(8) 试压人员应先做外观检查，不准任何人用锤敲击管道。

(9) 管件及管道接口等需要修理时，必须停止加压，放出气体后方可进行修理。

5.13 燃气用具安装、检修工安全操作规程

(1) 入户维修前必须打开门窗保持通风，室内杜绝火源。

(2) 维修中严禁用铁器敲打灶具和管道，防止火星迸出。

(3) 不得带气操作，一定要关闭表前阀门或立管总阀，且表内或管内残余燃气要用胶管连接在喷嘴上，排放到室外。

(4) 维修完毕要检漏，严禁明火试漏。

(5) 一旦维修中出现跑气，要迅速切断气源，严禁开关电器，杜绝明火，待室内燃气排尽后再处理故障。

(6) 为用户更换燃气表，必须先关闭表前阀门，待新表安装就位后再打开表前阀门，把管中的混合气排放干净，确认无任何隐患，点火成功后再交用户。

(7) 进行壁挂炉或燃气热水器安装时，应按规定进行试压，并做好记录。

(8) 修理民用灶具时，要轻拿轻放并按操作程序进行，以免破坏灶具旋钮、面板开关、喷嘴等部件，修理完成后检漏。

(9) 修理工商业灶具时，必须确认周围无明火，方可拆修；修理时先关闭相关阀门，再拆掉燃烧器，按操作规程进行修理；复装后先接通燃气，检查部件有无泄漏，通风约10min后再点火试烧，防止炉膛内存有燃气引起爆炸事故，一切正常后交用户使用。

(10) 修理大锅灶及有关阀门时，先关闭燃气总阀，再拆下相关部件或阀门进行修理，修复后要进行置换、检漏，确认一切正常后交用户使用。

(11) 用户需在维修单上签字验收。

(12) 室内有燃气泄漏时，严禁开闭电气，应开窗通风并切断气源，在安全的地方切断电源，并采取相应的措施。

(13) 漏气报修不得过夜，必须马上组织抢修。

5.14 管线巡检操作规程

(1) 巡检人员对供气区域内，室外所有的地上、地下供气管道负有全面巡视检查的责任。巡检人员应掌握国家、省、市级法律、法规以及公司的各项管理条例。

(2) 巡检人员采用检测仪器和经验观察为主要检查手段时，要对管线5m以内的雨水井、污水井、电缆井、采暖沟、电信井、自来水井进行检查。检查管线附近的花草、树木在生长期内有无枯萎、死亡等现象。

(3) 巡检人员必须在天然气管线中心线左右不超过3m的范围内采用步行方式巡视检查，危险等级为一、二级的管线为巡视重点。

(4) 对巡视中发现的建(构)筑物施工和地上、地下管线施工涉及燃气管道安全的，或在燃气管道及设施上乱堆、乱放、乱贴、乱挂等现象，立即制止并及时上报，并随时掌握现场情况，落实到位。

(5) 发现市政部门整修路面涉及天然气管道，巡检人员向施工单位讲明天然气管道的情况并责成其保证天然气管道的安全，路面上的阀井盖不得埋于路面下。

(6) 对违章施工、泄漏等现象重点检查，落实到位。

5.15 电气操作安全规程

(1) 一切倒闸操作必须根据上级电力调度的指示，并根据倒闸操作的内容和步骤，在由一人操作另一人监护下进行(可以由一人进行拉开断路器的操作等除外)。

(2) 设备的停运，应先拉开断路器，以切断区负电荷电流，设备送电，应最后合上断路器，以接通负荷电流。

(3) 操作隔离开关前，应先注意检查相应的断路器，确保其在拉开位置。设备停运，应先拉线路侧隔离开关。送电时，应先合母线侧(电源侧)隔离开关。

(4) 变压器投入或切断，应由装有继电保护装置的电流侧进行，并将主保护全投入。投入时，先投电源侧，后投负荷侧。切断时，先切负荷侧，后切电源侧。

(5) 拉合隔离开关应迅速果断。操作中发生错合隔离开关时，不准再行拉开。错拉隔离开关时，在刀片钢离开固定触头时便会发生电弧，这时应迅速合上隔离开关，但如果隔离开关已全部拉开则不允许将误拉的隔离开关再合上。

(6) 在工作地点的有关设备上工作，应悬挂标示牌，例如：一经合闸即可送电到工作地点的断路器和刀闸的操作把手上，应悬挂“禁止合闸，有人工作”的标示牌，如果线路上有人工作，则应悬挂“禁止合闸，线路有人工作”的标示牌，这些部位的标示牌应与操作把手加锁配合，以防止误合闸，当确认检修完毕后，方能送电。

(7) 遇有不属于自己权限范围内的故障，应立即上报上级有关部门并及时组织修复。

(8) 停电顺序，必须按照断路器(开关)—负荷侧隔离开关(刀闸)—母线侧隔离开关(刀闸)的顺序依次操作，送电操作的顺序与停电顺序相反。严禁带负荷进行拉合隔离开关。

(9) 为确保电气作业安全，所有使用的电气安全用具都应符合安全要求，并经过试验合格，在规定的安全使用有效期内使用。

5.16 阀井操作与维护规程

5.16.1 阀井操作规范

(1) 操作前应准备好移动井盖、开启阀门以及抽取污水所需的工具。

(2) 首先检查阀井盖、井边盖板完好程度，然后由 1 人或 2 人用专用工具拉出井盖，操作时用力要沉稳，切忌急躁，以免碰撞出火花或拉伤肌肉。

(3) 打开井盖后，下井作业前，必须让阀井通风换气，时间不得短于 5min。

(4) 使用可燃气体检测仪检测井内，若仪器无报警，则可穿水鞋、戴防静电手套后，系好安全带，直接进入井内检查情况。仪器如有反应或闻到有燃气味，应做抽风处理。

(5) 当井内有大量燃气泄漏或井内空气严重污浊时，应用风力灭火机进行强制通风，通风后方可下井作业。风力灭火机应在远处发动，然后逐步接近阀井。

(6) 如有积水浸至管道及阀门底部，应用抽水机及时抽出(雨季除外)，发现漏水的阀井及未防腐的阀体，应及时记录并上报。

(7) 测试井内含氧量低于 18%时或听到井内有漏气的响声，应佩戴呼吸器、氧气瓶、安全绳后才能下井检查情况，佩戴呼吸器前应检查其是否完好。

(8) 操作人员不得单独作业，下井检查之前至少留 1 人在井上监控。

(9) 在井下有燃气环境作业时，必须使用铜制防爆工具，使用铁制工具必须涂抹黄油，防止因碰撞而产生火花，引起爆炸。

(10) 工作人员下井作业时必须穿戴工作服，不得穿着化纤衣物和带铁钉的鞋下阀井，严禁将手机、打火机等物品带入阀井。

（11）井附近如果行人、行车比较多应加警示标志。

（12）夜间作业必须穿上反光衣。

（13）作业完毕后，阀井盖必须盖好，防止行人坠落。发现井盖破坏、缺损、失盗应及时报告并更换。

（14）每日下班前回本部门填写《管线巡查记录》，详细记录当日巡线情况和发现的问题，并记好发现违章的地址和违章情况，以及处理情况。

（15）巡线人员在巡视过程中发现重大险情，要立即上报管网负责人，做好现场监护工作，并做好记录。

5.16.2 阀井维护规范（表 5-1）

表 5-1 阀井维护规范

维护周期	维护内容	维护标准
每个月	清洁	干净无杂物，无积水
	检查井圈、井盖	完好
	检查阀井内设备泄漏情况	无泄漏
	阀门启闭	启闭灵活
	检查阀井内的管段必须绝缘防腐	绝缘防腐完好
每半年	校验压力表	校验合格
每一年	阀门、法兰之间应静电跨接完好，跨接电阻每年应检测不少于一次	跨接电阻不得大于 4Ω
	校验安全阀	校验合格

5.16.3 阀井常见故障、原因及处理方法（表 5-2）

表 5-2 阀井常见故障、原因及处理方法

故障	原因	处理方法
填料处泄漏	1. 填料超期使用，已老化； 2. 操作时用力过大； 3. 填料压料螺栓没有拧紧	1. 应及时更换损坏/老化的压料，逐圈安放，接头呈 30°~40°； 2. 应按正常力量操作，不许加套管或使用其他方法加长力臂； 3. 均匀拧紧压住压料螺栓
密封面泄漏	1. 阀门安装方向与介质流向不符； 2. 关闭不到位； 3. 久闭的阀门在密封面上积垢； 4. 密封面轻微擦伤； 5. 密封面损伤严重	1. 注意安装检查； 2. 重新调整执行机构上的调整螺栓，关严到位； 3. 将阀门打开一条小缝，让高速流体把污垢冲走； 4. 调整垫片进行补偿； 5. 重新研磨，调整垫片进行补偿

续表

故障	原因	处理方法
法兰连接处泄漏	1. 螺栓拧紧力不均匀； 2. 垫片老化损伤； 3. 垫片选用材料与工况要求不符	1. 重新均匀拧紧螺栓； 2. 更换垫片； 3. 按照工况要求正确选用材料，必要时联系厂家，进行材料选择
手柄/手轮的损坏处泄漏	1. 使用不正确； 2. 紧固件松脱； 3. 手柄、手轮与阀杆连接受损	1. 禁止使用管钳、长杠杆、撞击工具； 2. 随时修配； 3. 随时修复
蜗杆蜗轮传动咬卡	1. 不清洁，如有脏物，影响润滑； 2. 操作不善	1. 清除脏物、保持清洁、定期加油； 2. 若操作时发现咬卡，阻力过大时，不能继续操作，就应该立即停止，彻底检查

5.17　户内送气置换点火操作规程

送气前应对现场管道进行检查，有下列情况的应停止送气。

(1) 发现用户户内存在安全隐患(如包管、私自改动燃气管道及在管道上悬挂重物、私接热水器等)。

(2) 用户燃气用具数量及类型与送气资料不符。

(3) 操作人员在送气作业前应打开门、窗，保证室内通风良好。

(4) 送气前必须进行复压试验(试验过程中用 U 形压力计)，具体试验步骤及试压标准如下：

① 进户总球阀及各户表前阀处于关闭状态，对立管进行复压试验，其试验压力为 7000Pa，观察 15min，无压力降为合格。

② 关闭表前阀和灶具前安全阀单气嘴，逐户对户内管道进行复压试验，其试验压力为 5000Pa，观察 10min，无压力降为合格。

送气作业操作步骤：

(1) 送气操作应在复压试验合格后进行，并认真核对作业地点、户数，确认无误后方可进行作业。

(2) 确认所有阀门处于关闭状态。

(3) 缓慢打开进户立管总球阀。

(4) 打开顶层用户表前阀，用胶管连接顶层用户户内安全阀单气嘴，并接出室外(放散口应由专人看守，并站在上风口位置)，打开顶层用户放散安全阀单气嘴，进行放散。

(5) 闻到燃气味后，在安全区域内点火试验，火焰呈黄色视为合格，关闭安全阀单气嘴。用检测仪检测表前阀后管道，确保安全。

（6）逐户进行置换，逐个开启表前阀门和安全阀单气嘴，排除表前阀后表、管内的剩余空气，在安全区域内点火试验，火焰呈黄色视为合格。

（7）教会用户正确的使用方法、注意事项及业务受理电话，并建立点火卡台账，纳入正常管理。

（8）送气必须逐一入户置换，如遇不能入户情况，则应在门上贴置换通知以告知。

（9）送气作业完成后 24h 内应注意新送气用户是否有异常情况。

5.18 检修更换阀门、膨胀节、拆卸盲板安全操作规程

（1）检查工作区域内有无明火或易燃易爆物品，有则立即消除。

（2）在工作区周围做好维护，严禁出现明火或闲杂人员。

（3）检查工作过程中所使用的是否为防爆工具，使用普通工具要涂抹黄油。

（4）对图纸进行审核，确保所关闭的阀门和放散位置正确。

（5）按照《管道放散降压的安全操作规程》降压。

（6）放散到管线内无气流为止。

（7）拆卸需要更换的阀门或膨胀节，检查阀门的填料及密封圈，如有损坏应予以更换；换上新的阀门或膨胀节，上紧螺栓。

（8）在维修过程中要将拆下的部件用柴油清洗揩干，并涂抹黄油。

（9）关闭更换或维修的阀门，先开启气源方向的阀门，在沿途凝水缸上进行置换，按照《置换通气安全操作规程》进行。

（10）恢复供气到正常压力后进行检漏，检漏合格后恢复正常。

5.19 管道放散降压安全操作规程

（1）检查安全放散区域内有无明火或易燃易爆物品，有则立即消除。

（2）放散过程中要使用防爆工具或在接触点涂抹黄油。

（3）放散时工作人员一定要在上风向，不得擅自离岗。

（4）放散时注意附近居民区住宅与风向，防止放散的天然气串入建筑物内。

（5）放散过程一切行动听指挥，严禁违章操作。

（6）放散人员要穿防静电工作服，严禁穿带钉子的鞋。

（7）在放散区周围做好警戒，严禁出现明火或闲杂人员。

（8）审核图纸，查看所关闭的阀门是否正常。

（9）检查放散管上的阀门、阻火器是否正常，然后安装放散管。

（10）缓慢打开阀门进行放散，当气流十分微弱时关闭放散阀门。

（11）装上 U 形压力计，观测压力是否合格。

（12）压力合格后，关闭阀门，卸下 U 形压力计。

（13）卸下放散管，装好丝堵，检测无泄漏结束工作。

5.20 公福户检查安全规程

（1）所有未接燃气设施的阀门都应加装丝堵，以防意外开启。

（2）采用胶管连接的燃气设施在连接处加装喉箍，同时注意胶管是否老化。

（3）电线严禁缠绕在燃气管道上或以燃气管道为基础跑线。

（4）电源开关、插座、配电箱严禁安装在燃气表上方。与燃气表及管道上的接口水平距离不小于150mm。

（5）燃气设施严禁安装在厕所、浴室、更衣室、卧室或地下室中。燃气设施安装的房间严禁存放易燃易爆的物品。

（6）灶具胶管的长度不能超过3m，胶管不能穿墙。

（7）热水器安装处应有良好的通风条件，检查排风扇使用是否正常。

（8）检查管道及流量计的托架是否正常。

（9）检查是否有私装、私改及包裹情况。

（10）检查是否有漏气现象。

（11）燃气管线或流量计上严禁堆放或悬挂任何物品。

（12）注意观察流量计走字是否正常(包括积算仪与走字是否相符)。腰轮流量计油位是否正常。

（13）检查人员每月应将公福户燃气表前的阀门活动一次，确保启闭灵活。

（14）向用户宣传各种安全知识及燃气使用常识。

（15）热水器、采暖炉用户需签订联保协议。

5.21 过滤器的操作维护规程

5.21.1 操作规程

（1）检查过滤器进口、出口、排污阀门是否正常。

（2）了解和掌握过滤器的性能、原理及作用。

（3）先关闭排污阀门，开启过滤器出口阀门，再开启进口阀门。

（4）应随时观察过滤器的压差。观察过滤器压差表读数，当其压损 Δp 超过0.02MPa时，应清洗或更换滤芯；当流量计前过滤器的压损 Δp 超过0.01MPa时，应清洗或更换滤芯；若无压差表，应根据气质清洁程度，定期安排清洗，更换滤芯；清洗或更换滤芯时须先将其前、后阀门关闭，泄压后方能进行。

（5）控制过滤器的工作压力低于设计压力，防止超压引起突发情况的发生。

（6）排污时应平稳缓慢，排污阀门不要突然开启，以保证管线压力平稳，避免阀门损坏。

（7）检查并定期排污，防止污物积余过多进入燃气管线。

（8）停运时，先关闭进口阀门再关闭出口阀门，最后打开排污阀门。

（9）要保证过滤器的清洁。

5.21.2 过滤器的维护操作(表 5-3)

表 5-3 过滤器的维护操作

维护周期	维护内容	维护标准	备注
每个月	检查法兰、阀门及顶盖等连接部位有无泄漏	无泄漏	
	检查过滤器外观和防腐情况	外观清洁，防腐漆完好无损	
	检查过滤器压差表是否在规定范围内	观察过滤器压差表读数，当其压损 $\Delta p \geqslant 0.2$bar 应清洗或更换滤芯	
每季度	打开过滤器放散阀对过滤器内污物进行吹扫	过滤器内无污物	气质良好可以延长时间
	检测过滤器连接部件的电阻值	电阻值<10Ω	
	过滤器滤芯进行清洗	过滤器滤芯干净无杂物	

5.21.3 过滤器的常见故障、原因及处理方法(表 5-4)

表 5-4 过滤器的常见故障、原因及处理方法

序号	故障	原因	处理方法
1	过滤效果下降(压差异常)	1. 滤芯堵塞 2. 滤芯破损 3. 选型不当	1. 清洁或更换滤芯 2. 加装预过滤器 3. 调整过滤精度
2	过滤器壳体泄漏	1. 密封失效 2. 壳体腐蚀 3. 机械损伤	1. 更换密封件 2. 加装防腐涂层 3. 修补或更换壳体
3	排污阀故障	1. 杂质卡阻 2. 密封件老化 3. 操作不当	1. 疏通排污阀 2. 更换密封组件 3. 规范操作
4	滤芯支撑结构失效	1. 气流冲击 2. 设计缺陷	1. 更换高强度滤芯 2. 加固支撑结构
5	冷凝液积聚(冬季高发)	1. 气源含水率高 2. 保温缺失	1. 加装脱水装置 2. 保温/伴热

5.22 调压橇安全操作规程

(1) 调压橇必须按照设计施工图和有关标准、规范进行施工和验收，未经验收和验收不合格的调压橇不得投入运行。

（2）所有经过验收合格，投入运行的调压橇均应达到要求，并定期进行维护保养作业。

（3）平日在调压橇的操作中，应注意下述事项，以保证调压器的正常使用和减少故障：

① 切忌快速开启阀门，猛开阀门极易损坏调压橇内设备；

② 切忌向出口管道充入过高压力，否则会损坏调压橇内部零件。

（4）开启投运调压器时，应按下述步骤操作：

① 确认调压橇的进出口阀门已关闭；

② 缓慢开启进口阀门，并观察进站压力表和出站压力表是否在允许的压力范围，为避免出口压力表在充气时超量程损坏，可先关闭压力表下针形阀，待压力稳定后再充分开启；

③ 打开调压橇后直管上的测压嘴，检查调压器的运行是否正常，放气时因流量过小，出口压力表可能有微小的波动，待出口阀门打开后会自动消除；

④ 当进出口压力正常后，可缓慢开启出口阀门，并精确调节调压橇的出口压力。

（5）调压橇切断阀的复位操作，切断阀或附加在调压橇上的切断器在执行了切断动作后须人工进行复位操作。

① 在进行复位操作前应查明切断的原因，是管网压力冲击还是调压器故障，调压器和阀门关闭过快也会造成调压器后管线压力升高使切断阀启动；

② 排除故障后方可进行复位操作；

③ 在进行切断阀的复位操作时，必须关闭调压器的进、出口阀门及出口端压力表下的针形阀；

④ 在转动人工复位手柄时注意，刚开始转动时要缓慢，此时会感觉管内有一小股气流通过并随即停止(如这小股气流不能停止，可能是调压器故障或调压橇的出口阀门还未关严)；

⑤ 连续转动切断阀手柄复位上扣；

⑥ 缓慢开启进口阀门，观察出口压力，正常后开启出口阀门。

（6）调压设备调试。

① 设定压力应遵循由高到低的原则，按步骤一项一项进行，不可操之过急。即切断压力—放散压力—工作压力。

② 压力设定后，需检测其关闭压力，验证其性能，是否达到要求值。

③ 压力设定符合要求后方可开启出口阀门，在此之前不得打开出口阀门，以防意外发生。

④ 调试过程中，严禁烟火，防止静电产生，禁止碰撞、敲击管道及设备。

⑤ 阀门开启应缓慢，不得猛开猛关。

⑥ 精密仪表应注意保护，以防压力波动大，损坏仪表。

⑦ 在“1+1”调压设备调试中，若需不间断供气，应先通过旁路手动控制压力，一手控制压力调节阀，一手持压力表，时刻观察压力变化，使出口压力维持在所需压力范围内，待调压器压力设定完成后，缓慢打开调压器出口阀门，在调压器正常供气后，再关闭旁路各阀门。

⑧ 若调压器采用“2+0”一开一闭式，两路均需调试，开启一路，关闭一路(备用)，备用路中应将进出口阀门间气压泄去，以免调压器皮膜和弹簧受压，造成疲劳。

⑨ 若调压器采用两路自动切换供气，需按主、副路设定压力参数，然后两路进出口阀

门保持全开状态，自动切换对调压器性能要求较高，一般稳压精度(AC)≤2.5%，关闭精度≤12%为宜。

(7) 调压橇主路和副路的压力设定及切换方法：

① 压力设定：调压橇出厂时，副路调压器的出口工作压力设定为主路调压器出口工作压力的0.10倍，副路切断阀的启动压力设定值高于主路切断阀的启动压力。

a. 调压器出口工作压力≤3kPa时，副路切断阀启动压力为主路切断阀启动压力的1.1倍，且不大于4.5kPa。

b. 0.003MPa<调压器出口工作压力≤0.2MPa时，副路切断阀启动压力为主路切断阀启动压力的1.1倍。

c. 0.2MPa<调压器出口工作压力≤0.25MPa时，副路切断阀启动压力为主路切断阀压力的1.05倍。

② 切断方法：调压橇在运行或检修过程中，有时需要进行各主路和副路的人工切换，即将主路关闭而做备用的副路供气，或将正在供气的副路恢复变为备用，由主路正常供气。

a. 主路切换为副路供气

缓慢关闭主路进口阀门，随主路调压器出口压力下降至副路调压器的启动压力，副路调压器自动开启，再缓慢关闭主路出口阀门，副路正常工作后，可按需要将其出口压力调至主路调压器出口压力设定值以满足压力参数要求。

b. 副路切换为主路供气

首先将副路调压器出口压力降至原调压器的出口压力设定值，开启主路切断阀，再缓慢开启进口阀门向主路充气，待出口压力稳定后，调整并检查主路出口压力设定值符合要求后，缓慢开启主路出口阀门，随着主路出口压力升高至副路调压器的关闭压力，副路调压器则自动关闭。

(8) 调压橇在解体维修后，应对其做气密性检查。

① 试验介质：氮气或该调压柜的工作介质。

② 试验压力：在调压器前试验压力为最大进口工作压力的1.05倍，若在运行中进行调试，则为进口工作压力，在调压器后试验压力为超压切断压力的1.05倍。

③ 试验方法：

a. 关闭切断阀及出口端阀门，向调压器前管路缓慢充气，保压30min，检查进出口管道的压力，若调压器前管路压力下降则有外漏，可用皂液查出漏点，若调压器后管路压力升高，则切断阀关闭不严。

b. 合格后，开启切断阀，随着气体流向调压器后管路，调压器自动关闭，压力稳定后检查下游管道压力，保压30min，压力值应稳定不变，若压力上升，则说明调压器关闭不严，若压力下降，则说明有外漏。

(9) 调压器出口压力设定值检查。

① 关闭出口阀门及旁通阀门、放散阀门，开启切断阀，缓慢开启进口阀门，待进口压力稳定后，略开测压阀门，使管道中有一小流量通过，缓慢关闭测流阀门，观察出口压力表，其读数应为出口压力设定值的1.1~1.25倍，在负荷运行时，再准确检查调压器出口压力。

② 若调压器的出口工作压力与设定值不符，应缓慢旋动调节螺栓调整调节弹簧，直至出口压力为调压器设定压力的 1.1~1.15 倍，待负荷运行时再精确调整调压器出口压力。

(10) 切断阀启动压力设定值检查。

方法 1：关闭出口阀门、旁通阀门，开启切断阀，缓慢开启进口阀门，待进口压力稳定后，再从测压阀门处向出口端缓慢加压，直至切断阀启动，检查此时压力表读数是否与设定值相符，应重复检查三次。

方法 2：关闭进、出口阀门，开启切断阀，从测压阀门处向出口端加压，使出口压力缓慢升高，直至切断阀启动，检查此时压力表示值是否与设定值相符，应重复检查三次。

若要调整切断阀启动压力，应缓慢调节切断压力设定弹簧至要求的设定值，并保持弹簧压缩量不变，缓慢升压至切断阀启动，重复操作三遍，检查切断压力是否与所需的设定值相符。

(11) 放散阀启动压力设定值检查。

① 关闭放散管前球阀，从放散管测压阀门处向放散管加压，使压力缓慢升高，直至有气体从放散口排出，检查此时压力表读数是否与设定值相符，应重复检查三次。

② 若要调整放散阀启动压力，应缓慢调整放散压力弹定弹簧至要求的设定，并保持弹簧压缩量不变，缓慢升压至放散阀启动，重复操作三次，检查放散压力是否与所需要的设定值相符。

(12) 若调压器的出口设定值已经过调整，则调压器的切断阀启动压力和放散阀启动压力都必须随之调整，以使工况匹配，但任何调整，均应在调压器的允许工况之内。

(13) 调压橇的维护。见表 5-5。

表 5-5　调压橇的维护

维护周期	维护内容	维护标准
新置换通气运行一周	过滤器积垢程度检查	过滤器压力表读数 $\Delta p \leq 0.2$bar*
	泄漏检查	所有设备及连接处无泄漏点
	调压器进出口压力检查	根据当时流量压力在正常范围内
	用压力记录仪检查调压器出口压力和运行压力，运行情况是否正常(24h 运行记录)	压力无突变和无不正常升高或降低
	用压力表检查调压器切断压力	切断压力正常
每个月	漏点检查	所有设备及连接处无泄漏点
	检查切断阀启动值和脱扣机构能否正常工作，切断后关闭是否严密	切断阀启动值正常和脱扣机构工作正常，切断后关闭严密
	过滤器清洗或更换	观察过滤器压力表读数，当其压损 Δp 超过 0.2bar 应清洗或更换滤芯
	检查调压通道前后阀门	阀门开关灵活
	用压力记录仪检查调压器出口压力和运行压力，运行情况是否正常(24h 运行记录)	压力无突变和无不正常升高或降低

续表

维护周期	维护内容	维护标准
每年	每月维护保养内容	参照每月维护保养标准
	清洗指挥器、调压器内腔	干净无污垢
	更换皮膜	更换同规格合格的皮膜
	给活动或传动部件上油	先去污除锈再均匀上合格的油
	吹洗放散阀信号管	干净无污垢
	对安全放散阀的启动压力值进行校验	安装合格的放散阀
	调校仪表精确度	安装合格的仪表
每三年	每年维护保养内容	参照每年维护保养标准
	拆洗调压器所有零部件、切断阀零部件、指挥器零部件、阀门零部件	零部件表面干净无污垢
	更换调压器、切断阀、放散阀、阀门中的全部非金属件	更换同型号的非金属件
	检查各零部件的磨损及变形情况，必要时更换	各零部件无磨损及变形情况
	更换过滤器滤芯	更换同型号过滤器滤芯
	各组件及管道外壁的油漆涂层	油漆涂层完好，并做到除锈彻底，刷漆全面

注：* $1bar = 10^5 Pa$。

（14）调压橇常见故障、原因及处理方法。

调压橇常见故障、原因及处理方法根据原因参照阀门、过滤器、弹簧式安全阀、切断阀、调压器、流量计、仪表操作规程。

5.23 切断阀操作规程

5.23.1 切断阀通气操作

（1）轻轻打开调压器出口管道上的放气阀，以使切断阀内通过少量气流。

（2）慢慢地打开切断阀前的进口阀门。

（3）用系在切断阀上的专用扳手，将复位器方轴轻轻向逆时针方向转动，使切断阀打开。

（4）停留片刻直到气流稳定。

（5）重复确认复位器的位置，即切断阀打开。

（6）将切断阀前的进口阀门全部打开，再将出口阀门全部打开。

5.23.2 切断压力的调整

（1）关闭调压器的出口阀门，排放调压器出口管道的压力，降至常压。逆时针全松调压器指挥器的螺母。打开调压器的进口阀门。

（2）使用专用工具将切断阀切断压力调节螺栓旋至最深，确保切断压力最高，并开启切断阀。

(3) 顺时针调节调压器指挥器的螺母，观察调压后压力，维持调压后管道内压力(工作压力1.2倍范围内)。

(4) 使用专用工具缓慢调节切断阀切断压力调节螺栓，当切断阀出现切断时，停止调节。调压器切断压力调试完毕。

5.23.3 切断阀的维护(表5-6)

表5-6 切断阀的维护

维护周期	维护内容	维护标准
每3个月	检查切断阀启动压力	符合规定值
	检查脱扣机构及传感器撞块的动作灵敏度	动作灵敏
	检查切断阀切断后关闭是否严密	无泄漏
	开启手动切断旋钮	手动切断正常

5.23.4 切断阀常见故障、原因及处理方法(表5-7)

表5-7 切断阀常见故障、原因及处理方法

故障	原因	处理方法
不能切断	1. 阀口脏，有异物 2. 阀杆生锈 3. 皮膜损坏	1. 清洗阀口 2. 更换阀杆 3. 更换皮膜
切断不能恢复	脱扣机构磨损	修复或更换

5.24 单体调压器操作维护规程

5.24.1 调压器投入使用前操作

在调压器投入使用前，必须进行检查，确保承压腔内没有压力(在出厂前，通常采用空气对调压器进行测试)，以防燃气与空气相混合从而形成可爆混合物。同时，应该对调压系统进行检查，确保所有的开关阀门(调压器上游截断阀、下游截断阀以及旁通阀门)处于关闭位置，并且燃气具有适当的温度。随后按以下步骤进行操作：

(1) 缓慢开启调压器上游截断阀并控制阀门的开度，让少量的燃气流入管路；

(2) 观察调压器下游的压力表，压力应该缓慢地上升，当达到(或略微超出)设定压力值后，调压器上游的压力继续上升的同时，调压器下游的压力值应该保持稳定；如果调压器下游的压力在达到设定值以后持续升高，那么应该关闭上游截断阀，中止调压器的运行；

(3) 当调压器上游和下游的压力稳定后，完全开启上游的截断阀；

(4) 缓慢地开启调压器下游的截断阀，向下游管路充气。

5.24.2 调压器的压力设定

在保证非常小的燃气流量情况下，通过调节开关对腔体进行充压或泄压，直到调压器下游的压力表指示下游压力达到所期望的设定值。

5.24.3 调压器的维护(表 5-8)

表 5-8 调压器的维护

维护周期	维护内容	维护标准
新置换通气运行一周，之后为每个月	周围环境	无不安全因素
	卫生	整洁
	漏点检查	无泄漏
	运行压力	运行压力稳定
	切断功能	切断压力正常
	过滤器污垢	无污垢
	外观油漆、防腐层	无脱落、无锈蚀
	阀门	正常开关
	运行声监听	无异常
	关闭压力	压力稳定
	压力仪表	显示读数准确
每半年	每月维护保养内容	参照每月维护保养标准
	检查切断阀启动压力设定值	启动压力在合格范围内
	检查放散阀启动压力设定值	启动压力在合格范围内
	清洗调压器、切断阀内腔	干净无污垢
	检查易损件如阀口、密封件、薄膜、O 形圈	无溶胀、老化、压痕不均匀的密封件
	每半年维护保养内容	参照每半年维护保养标准
每一年	拆洗调压器所有零部件、切断阀零部件、指挥器零部件	零部件表面干净无污垢
	检查各零部件的磨损及变形情况	各零部件无磨损及变形情况

在进行维护之前必须确保调压器上游和下游的截断阀已经关闭，并且将要进行操作的管路内的燃气泄压、排空。

5.24.4 调压器膜片的分解与维护

(1) 拆除反馈管接头；

(2) 松开螺栓，拆下承压腔；

(3) 松开螺母，卸下弹簧座和弹簧；

(4) 松开螺母；

(5) 将膜片和膜片支承一起卸下。

5.24.5 可能需要更换的零件

（1）膜片；

（2）O 形圈；

（3）弹簧。

5.24.6 检查以下项目以保证膜片组件能正确的重装

（1）所有的 O 形圈都完好无损；

（2）行程指示器插在膜片支承的导向槽内；

（3）膜片的末端准确地置于安装位置；

（4）膜片能自由运动(膜片和支座独特的设计结构能保证膜片的运动不受阻碍)。

5.24.7 调压器常见故障、原因及处理方法(表 5-9)

表 5-9 调压器常见故障、原因及处理方法

故障	原因	处理方法
出口压力偏低	1. 弹簧失效或选型不当； 2. 阀口结冰； 3. 进气口被杂物堵塞； 4. 指挥器通往调压器内部的信号管道堵塞或损坏	1. 更换弹簧； 2. 对进口气体加热； 3. 打开调节器清洗杂物； 4. 清洗信号管道
出口压力不正常升高	1. 调压器阀口关闭不严； 2. 调压器皮膜漏气； 3. 调压器密封元件受损	1. 清理阀口杂物或更换阀垫； 2. 更换皮膜； 3. 更换密封元件
调压阀下游没有气体通过	1. 过滤器堵塞； 2. 切断器被触发； 3. 调压器皮膜损坏； 4. 入口流量不足、指挥器无气体通过	1. 清洗过滤器； 2. 打开切断阀； 3. 更换皮膜； 4. 调节入口流量
关闭压力过高或有内漏	1. 指挥器皮膜老化或破损； 2. 阀口有杂物	1. 更换皮膜； 2. 清洗阀口
调压器震动	1. 气流脉动或压力波动； 2. 机械共振； 3. 部件磨损或松动； 4. 内部堵塞或冰堵	1. 加装缓冲设备及优化用气负载； 2. 调整弹簧刚度、增加阻尼装置； 3. 更换磨损件、紧固螺栓与支架； 4. 吹扫或拆卸清洗、防冰堵措施
调压器压力调不高	1. 调压器阀垫膨胀，阀口达不到应有的开度； 2. 指挥器调节弹簧变形，达不到设计压力	1. 更换阀垫； 2. 更换弹簧
调压器出口压力不稳和喘气	1. 燃气杂质多； 2. 气体压力或流量突然变化干扰； 3. 出口压力高，前压波动大	1. 清洗过滤器； 2. 稳定压力和流量； 3. 调节出口压力

5.25 可燃气体报警装置操作规程

(1) 控制面板标识说明

SAFE：浓度显示刻度；

POWER：电源/故障指示灯；

ALARM：报警指示灯；

TEST：自检按键；

SP：报警设定按键；

RESET：消声按键。

(2) 操作说明

① 将后面板电源开关拨至 ON 位置，此时机器通电工作。接通电源时蜂鸣器嘟嘟响两次，电源指示灯(绿色)常亮。

② 机器通电延时约 30s 预热后方能进入正常工作状态，并发出一声蜂鸣声。

③ 延时过后方可进行键盘操作。机器连续通电 48h。

④ 完成通电 48h 后，机器即进入正常监控状态。

(3) 检测元件的使用寿命及使用注意事项

① 检测元件的使用寿命在正常使用情况下为 3 年。使用时请注意以下情况：

a. 探测器不要安装在有水蒸气或长期有水淋的场地；

b. 避免人为地经常高浓度可燃性气体的冲击；

c. 避免探测器经常断电，经常性断电将导致检测元件工作不稳定。

② 检测元件到期后，必须更换。

(4) 可燃气体报警装置的维护(表 5-10)

表 5-10 可燃气体报警装置的维护

维护周期	维护内容	维护标准
每个月	电源	电源电压正常
	检查备用电源	备用电源良好
	报警器探头的清洁卫生	干净无堵塞
	检查报警装置的防雷接地	防雷接地良好
每年	检查报警控制器收到报警信号情况	正确显示
	可燃气体探测器测试精度	满足计量要求
每三年	更换可燃气体探测器	更换合格可燃气体探测器

（5）可燃气体报警装置常见故障、原因及处理方法(表5-11)

表5-11 可燃气体报警装置常见故障、原因及处理方法

故障	原因	处理方法
开机无显示	1. 无工作电源； 2. 电源线路有断点； 3. 控制器显示板和控制板以及控制板与信号板线路连接松动	1. 接入工作电源； 2. 检查断点并排除； 3. 牢固连接处
开机预热后报故障或报警	1. 探测器线路故障； 2. 未接备用电源	1. 检查并排除； 2. 连接备用电源
控制器调零和标定不成功	探测器灵敏度下降	调零和标定探测器
探测器无输出	1. 导线接错； 2. 零点未调； 3. 电路故障	1. 重新接好； 2. 调整零点电位器； 3. 送厂家修理
控制器读数偏低或偏高	1. 调零电位器ws、增益电位器wz未调好； 2. 传感器失效	1. 重新标定； 2. 更换
控制器读数不稳	1. 探测器稳定时间不够； 2. 传感器失效； 3. 电路故障	1. 开机稳定1h以上； 2. 重新标定； 3. 更换
探测器反应慢	1. 标定调节不当； 2. 气体不合格； 3. 传感器故障	1. 重新标定； 2. 选择合适气体； 3. 送厂家修理
故障报警	1. 标定错误； 2. 零点太低； 3. 传感器失效	1. 重新标定； 2. 重新调整； 3. 更换
不能调零	1. 传感器失效； 2. 电路板故障	1. 更换； 2. 送厂家修理

5.26 流量计操作与维护规程

（1）流量计的启用和停用注意事项

生产使用单位开停车情况很普遍，短时间停车对流量计影响不大；如由于检修或停止使用等情况长时间停止使用，应根据各流量计的要求做好处理工作。一般情况下，长期停用时最好拆下流量计，润滑清洁后妥善保管。当停车一段时间后重新启用时，首先检查流量计的外观和各参数的状态是否正常，加油润滑，在开启阀门时，要注意缓慢开阀，以免冲击流量计造成损坏。

(2) 流量计的维护(表5-12)

表5-12 流量计的维护

维护周期	设备类型	维护内容	维护标准
每个月	所有流量计	周围环境	无不安全因素
		卫生	整洁
		检查前过滤器积垢程度	无污垢
每个月	所有流量计	泄漏检查	无泄漏
		检查运行压力和实际管道压力	在正常范围内
		检查运转声音	无杂音
		检查表体外油漆涂层	无缺陷
	膜式燃气表、罗茨流量计	检查表头机械计数器	无卡阻现象
	带修正仪的流量计	信号线	整齐无损坏
		修正仪显示压力	和实际运行压力吻合
	涡轮流量计、罗茨流量计	电池电量	不低于一格
		润滑油数量检查	不少于1/3
每半年	所有流量计	清洗表前过滤器	无污垢
每年	涡轮流量计、罗茨流量计	润滑油油质	无杂质
	精度为0.1级、0.2级、0.5级的涡轮流量计	定期检定	合格
每两年	精度为0.2级和0.5级的罗茨流量计、精度低于0.5级的涡轮流量计	定期检定	合格
每三年	公称流量等于或大于10m³/h膜式煤气表、精度低于1.5级罗茨流量计	更换内置电池	电量显示满格
		定期检定	合格

(3) 流量计常见故障、原因及排除方法(表5-13)

表5-13 流量计常见故障、原因及排除方法

故障	原因	处理方法
显示仪表对流量信号和检验信号均无显示	1. 电源未接通，或保险丝熔断； 2. 显示仪表有故障	1. 接通电源或更换保险丝； 2. 检修显示仪表
显示仪表对"校验"信号有显示但对流量信号无显示	1. 传感器与显示仪表接线有误，或有开路，短路，接触不良等故障； 2. 放大器有故障或损坏； 3. 转换器(线圈)开路或短路； 4. 叶轮被卡住； 5. 管道无流体流动或堵塞	1. 对照故障表，检查接线的正常性和接线质量； 2. 维修或更换放大器； 3. 维修或更换线圈； 4. 清洗传感器及管道； 5. 开通阀门或泵，清洗管道

续表

故障	原因	处理方法
显示仪表工作不稳；计量不正确	1. 实际流量超出仪表的计量范围或不稳定； 2. 仪表系数 K 设置有误； 3. 传感器内挂上纤维等杂质； 4. 液体内有气泡存在； 5. 传感器旁有较强的电磁场干扰； 6. 传感器轴承及轴严重磨损； 7. 传感器电缆屏蔽层或其他接地导线与线路地线断开或接触不良； 8. 显示仪表故障	1. 使被测流量与传感器的测量范围相适应，并稳定流量； 2. 使系数 K 设置正确； 3. 清洗传感器； 4. 采用消气措施，清除气泡； 5. 尽量远离干扰源或采取屏蔽措施； 6. 更换“导向件”或“叶轮轴”； 7. 接线接好； 8. 检修显示仪表

5.27 消防设备操作与维护规程

(1) 干粉灭火器的使用维护要求

① 适用范围

碳酸氢钠干粉灭火器适用于易燃、可燃液体、气体及带电设备的初起火灾；磷酸铵盐干粉灭火器除可用于上述几类火灾外，还可扑救固体类物质的初起火灾。但都不能扑救金属燃烧火灾。

② 使用方法

a. 灭火时，可手提或肩扛灭火器快速奔赴火场，在距燃烧处 5m 左右，放下灭火器。如在室外，应选择在上风方向喷射。

b. 操作者应先将开启把上的保险销拔下，然后握住喷射软管前端喷嘴部，另一只手将开启压把压下，打开灭火器进行灭火。一手应始终压下压把，不能放开，否则会中断喷射。

c. 干粉灭火器扑救可燃、易燃液体火灾时，应对准火焰腰部扫射，如果被扑救的液体火灾呈流淌燃烧时，应对准火焰根部由近而远，并左右扫射，直至把火焰全部扑灭。

d. 如果可燃液体在容器内燃烧，使用者应对准火焰根部左右晃动扫射，使喷射出的干粉流覆盖整个容器开口表面；当火焰被赶出容器时，使用者仍应继续喷射，直至将火焰全部扑灭。在扑救容器内可燃液体火灾时，应注意不能将喷嘴直接对准液面喷射，防止喷流的冲击力使可燃液体溅出而扩大火势，造成灭火困难。如果可燃液体在金属容器中燃烧时间过长，容器的壁温已高于扑救可燃液体的自燃点，此时极易造成灭火后再复燃的现象，若与泡沫类灭火器联用，则灭火效果更佳。

e. 使用磷酸铵盐干粉灭火器扑救固体可燃物火灾时，应对准燃烧最猛烈处喷射，并上下、左右扫射。如条件许可，使用者可提着灭火器沿着燃烧物的四周边走边喷，使干粉灭火剂均匀地喷在燃烧物的表面，直至将火焰全部扑灭。

(2) 二氧化碳灭火器

① 适用范围

主要用于扑救贵重设备、档案资料、仪器仪表、600V 以下的电气设备及油类初起火灾，不能扑救钾、钠等轻金属火灾。

② 使用方法

a. 灭火时只要将灭火器提到或扛到火场，在距燃烧物 5m 左右，放下灭火器拔出保险销，一手握住喇叭筒根部的手柄，另一只手紧握启闭阀的压把。

b. 对于没有喷射软管的二氧化碳灭火器，应把喇叭筒往上扳 70°~90°。使用时，不能直接用手抓住喇叭筒外壁或金属连线管，防止手被冻伤。

c. 灭火时，当可燃液体呈流淌状燃烧时，使用者将二氧化碳灭火剂的喷流由近而远向火焰喷射。

d. 如果可燃液体在容器内燃烧，使用者应将喇叭筒提起。从容器的一侧上部向燃烧的容器中喷射。但不能将二氧化碳射流直接冲击可燃液体，以防可燃液体冲出容器而扩大火势，造成灭火困难。

e. 推车式二氧化碳灭火器一般由两人操作，使用时两人一起将灭火器推或拉到燃烧处，在离燃烧物 10m 左右停下，一人快速取下喇叭筒并展开喷射软管后，握住喇叭筒根部的手柄，另一人快速按逆时针方向旋动手轮，并开到最大位置。灭火方法与手提式的方法一样。

f. 使用二氧化碳灭火器时，在室外使用的，应选择在上风方向喷射。在室内窄小空间使用的，灭火后操作者应迅速离开，以防窒息。

（3）消防设备的维护（表 5-14）

表 5-14　消防设备的维护

维护周期	维护内容	维护标准
每个月	清洁灭火器	无灰尘和污垢
	检查灭火器防腐	防腐层完好
	检查灭火器可见零部件	无松动、变形、锈蚀损坏
	灭火器的喷嘴	畅通
	灭火器的压力表指针	在绿色区域
	消防砂池储量、松软度	在规定的范围

5.28　电锤操作维护规程

（1）使用前的准备

① 检查电锤运转是否灵活，外接电源电压是否符合规定使用的额定电压，检查设备是否漏电。

② 要戴上安全眼镜，以保护眼睛，脸部朝上作业时，要戴上防护面罩，作业时要戴好耳塞，以减轻噪声的影响。

③ 为使操作安全，电锤带有侧手柄操作时，可任意安装在左侧或右侧。

④ 确认油脂是否正常供应，螺钉类是否扭紧。

⑤ 确认电源开关是否切断，若电源开关接通，则插头插入电源插座时电动工具将出其不意地立刻转动，从而招致严重事故。

⑥ 若作业场所移到远离电源的地点，应使用容量足够、安装合格的延伸线缆，并且要尽可能地短些。

（2）钻孔操作

① 把钻头放到钻孔位置，然后拉动开关触发器。

② 锤钻只需稍微推压，让切屑能自由排出即可，操作时，应用力适当，不需要使劲推压。

（3）凿平和破碎

把钻头放到凿平和破碎的作业位置上，利用钻机自重进行作业，操作时，应用力适当，不需要用力推压。

（4）装卸钻头

装卸钻头时，转动卡轴 180°即可将钻头装入和取下。

（5）电刷磨损

电刷磨损到 5mm 时，应及时更换，操作步骤如下：

① 切断电源；

② 取下后盖和风扇，取出电刷架；

③ 换上新电刷应保证电刷在盒内活动自如，不得有停滞、卡死现象，配合间隙不宜过大。

（6）维护(表 5-15)

表 5-15　维护

维护周期	维护内容	维护标准
每周	检查钻头	钻头锋利
	检查安装螺钉	紧固无松动
	电动机的电动绕线	无损伤，无油液或水沾湿
每月	检查碳刷	电刷磨损大于 5mm
	检查防尘罩	防尘罩内部无磨坏

（7）安全注意事项

① 使用时一定要接地以防操作者受到电击。

② 要以正确的作业姿势进行安全作业。

③ 钻头的旋转方向为顺时针，电机的旋转方向出厂时已接好，不得随意改动，切忌反转，以免损坏工具。

④ 使用时注意不准有棉纱及线之类物品靠近电锤旋转部位。

⑤ 钻凿墙壁、天花板、地板时，应先确认有无埋设电缆或管道等。

⑥ 作业时钻头处在灼热状态，不得用手触摸，以防烫伤。

⑦ 连续使用和发现机具过热(机壳达 70℃以上)时，应暂停使用，注适量润滑油。并经

检查确认无故障后方可继续使用。

⑧ 当钻头卡住时，安全离合器自动打滑，若打滑频繁，扭力不足，可适当调整。

⑨ 当电机转数及火花发生异常，应及时检查排除故障。

⑩ 严禁在含有大量天然气的场合下使用。

⑪ 每次使用完毕，必须清除灰尘，打扫干净，在其旋转部分，应定期更换润滑油。

5.29 PE电熔焊机操作维护规程

（1）焊接前的准备

① 核对焊机的输入电压规格，严禁接入其他级别的电压，以免焊机烧毁或不能工作。

② 按照设备的实际功率，正确选配电源配线。

③ 连接好焊机接地线，以免发生触电事故。

④ 测量电源电压，确认焊机工作时的电压符合要求。

⑤ 清洁电源输出接头，保证良好的导电性。

（2）电熔焊接操作

① 截取管材，管材的端面应垂直轴线，其误差<5mm。

② 清理焊接面，测量电熔管材的长度或者中心线，在焊接的管材表面划线标识，将划线区域内的焊接面刮削0.1~0.2mm厚，以去除氧化层。鞍形管件焊接时，刮削区域应大于鞍体边缘。

（3）管材与管件的安装

① 电熔承插连接时，管材与管件的承插在管材上重新划线，位置距端面为1/2管件长度。将清洁的电熔管件与需要焊接的管材承插，保持管件外侧边缘与标记线平齐。安装电熔夹具，不得使电熔管件承受外力，管材与管件的不同轴度应当小于2%。

② 电熔鞍形连接时，鞍形管件的安装用管件制造单位提供的方法进行安装，确保管件与管材的两个焊接面无间隙。修补用电熔鞍形管件必须对中，且电热丝区域不得安装在被修补的孔上。

③ 将焊机输出端与管件接线柱牢固连接，不得虚接。

④ 按焊机说明书要求，将焊机调整到“自动”或“手动”模式。

⑤ 按自动或者手动方式输入焊接数据。

⑥ 启动焊接开关，开始计时。手动模式下焊接参数应当按管件产品说明书确定。

⑦ 电熔承插焊接冷却时间应当按管件产品说明书确定，冷却过程中不得向焊接件施加任何外力，完成冷却后，拆卸夹具。电熔鞍形连接时，接头在冷却过程中应当处于夹紧状态，鞍形三通的冷却时间应当大于60min或者按产品说明书进行开孔操作。

⑧ 对于电熔鞍形焊接，按照管件产品说明书进行封堵。

（4）操作注意事项

① 热熔焊机操作人员必须经有关部门专门培训，并经考试合格后方可上岗。严禁非操作人员使用。

② 焊机电器、控制部分不防水，操作使用时应严禁焊机电器、控制部分进水。如遇雨天施工，应对焊机电器、控制部分采取保护措施。

③ 在零度以下进行焊接时，必须采取适当的保护措施，以保证焊接面有足够的温度。

④ 与焊接面接触的所有物品必须清洁，焊接面在焊接前必须清洁和干燥，需要焊接的部位不能有损伤破坏、杂质、污垢(如：污物、油脂、切屑等)。

⑤ 确保焊接过程的连续性，焊接完成后应当进行充分的自然冷却，以消除其内应力。

⑥ 焊接时每一个焊口都应当有详细的焊接原始记录，焊接原始记录应当包括天气情况、环境温度、焊工代码、焊口编号、管道规格类型、焊接压力、拖动压力、增压时间、加热板温度、切换时间、吸热时间、冷却时间等。

⑦ 焊机的保险熔断器中的熔丝，严禁私自加大或减小。

⑧ 使用中应随时观察设备运行状况，如有异响或过热现象，应立即停止使用。

⑨ 应随时保持设备的清洁，防止积尘产生电路故障。

5.30 PE 热熔焊机操作维护规程

(1) 使用前的准备

① 核对焊机的输入电压规格，严禁接入其他级别的电压，以免焊机烧毁或不能工作。

② 按照设备的实际功率，正确选配电源配线。

③ 连接好焊机接地线，以免发生触电事故。

④ 清洁油路接头，正确连接焊机各部件。

⑤ 测量电源电压，确认电压符合焊机要求。

⑥ 检查清洁加热板，若加热板涂层损坏应当更换。加热板表面聚乙烯的残留物只能用木质工具去除，油污油脂等必须用洁净的棉布和酒精进行处理。

⑦ 按照焊接工艺正确设置吸热、冷却时间和加热板温度等参数。焊接前，加热板应当在焊接温度下适当预热，以确保加热板温度均匀。

(2) 热熔焊接操作

① 用辊杠或者支架将管垫平，调整同心度，利用夹具校正管材不圆度，并且留有足够的焊接距离。

② 铣削焊接面，铣削足够厚度，使焊接端面光洁、平整，确保对接端面间隙<0.3mm；错边量小于焊接处壁厚的10%。重新装夹时必须重新铣削。

③ 测量并且记录拖动压力($p_{拖}$)。

④ 放置加热板，调整焊接压力(p_1)= 拖动压力($p_{拖}$)+焊接规定压力(p_2)。当加热板两侧焊接处圆周卷边凸起高度达到规定值时，降压至拖动压力($p_{拖}$)或者在确保加热板与焊接端面紧密贴合的条件下，开始吸热计时。

⑤ 切换对接，在规定的时间内抽出加热板，立即贴合焊接面，迅速将压力匀速升至焊接压力(p_1)，严禁高压碰撞。

⑥ 拆卸管道元件，达到冷却时间后，将压力降至零，拆卸完成焊接的管道元件。

（3）操作注意事项

① 热熔焊机操作人员必须经有关部门专门培训，并经考试合格后方可上岗。严禁非操作人员使用。

② 焊机电器、控制部分不防水，操作使用时应严禁焊机电器、控制部分进水。如遇雨天施工，应对焊机电器、控制部分采取保护措施。

③ 在零度以下进行焊接时，必须采取适当的保护措施，以保证焊接面有足够的温度。

④ 与焊接面接触的所有物品必须清洁，焊接面在焊接前必须清洁和干燥，需要焊接的部位不能有损伤破坏、杂质、污垢(如：污物、油脂、切屑等)。

⑤ 确保焊接过程的连续性，焊接完成后应当进行充分的自然冷却，以消除其内应力。

⑥ 对于 $DN \leq 63$mm 或壁厚 $e<6$mm 的管道元件不允许使用热熔对接的焊接方法。

⑦ 不同 SDR 系列的管道元件互焊时，推荐采用电熔连接或采用适当的加工方法使焊接处壁厚相同。

⑧ 焊接时每一个焊口应当有详细的焊接原始记录，焊接原始记录至少应当包括天气情况、环境温度、焊工代码、焊口编号、管道规格类型、焊接压力、拖动压力、增压时间、加热板温度、切换时间、吸热时间、冷却时间等。

⑨ 焊机的保险熔断器中的熔丝，严禁私自加大或减小。

⑩ 使用中应随时观察设备运行状况，如有异响或过热现象，应立即停止使用。

⑪ 应随时保持设备的清洁，防止积尘产生电路故障。

5.31 电动套丝机操作维护规程

（1）安全使用注意事项

① 设备使用前，使用人员应认真阅读设备操作规程。

② 保持工作场地清洁明亮。

③ 不要将设备暴露在雨中或潮湿的环境中操作，以免触电。

④ 操作者必须穿紧式工作服，开机前应去掉手套、首饰、手表及类似的东西，操作者的头发不允许自由散开。

⑤ 设备运转时，严禁抓摸工件、装拆零件、手持工具工作。

⑥ 设备运转时，工件所产生的危险区域不得有人靠近。

⑦ 操作时远离小孩，严禁他们动手操作设备和拖拉电缆线。

⑧ 在工地及类似的场合安装套丝机，电网上只允许连接 30mA 的漏电保护开关。

⑨ 不允许超负荷使用设备：禁止用不合适的附件，超强度使用设备和禁止使用钝或破损的板牙，避免损坏设备和产生不合格的丝扣。

⑩ 禁止使用过长的管子进行运转操作：始终保持设备平衡，计算工件突然折断及甩出的危险，使用足够的支撑来避免危险的发生。

⑪ 精心保养设备机具。为了更好、更安全地使用，保持设备正常工作，应定期对设备进行润滑与更换附件，定期检查设备的电缆线，如受到损伤，应及时进行修复，要始终保

持设备各种操作手柄清洁，没有油脂污染。

⑫ 当不用时，应关闭电源开关，脱开电源插头。

⑬ 当设备使用前且电源插头未插或维修维护前，务必确保电源开关在“关”的位置上，避免无意启动。

⑭ 当使用人员疲劳、生病吃药和判断反应迟钝时，不宜操作设备。

⑮ 严禁使用已损坏的零部件。

⑯ 避免用强大的外力冲击机壳。

(2) 使用前的准备

① 根据管子的管径选择合适的板牙组。(每组板牙上有两组数字，一组是板牙的规格，每支是一样的；另一组是安装的顺序号，如：1、2、3、4。)

② 把板牙头从滑架上取下，松开手柄螺母，转动曲线盘，使曲线盘到刻度最大的位置。

③ 将选好的板牙组按顺序号逐个装入板牙槽内，其锁紧缺口就会与曲线盘吻合，然后扳动曲线盘，使曲线盘上的刻度指示线与所需加工件的刻度尺对齐，该板牙就被正确定位。

④ 将装好的板牙头重新装回滑架上。

⑤ 将变距盘旋到所需规格的位置上。

⑥ 检查油箱内是否有足够的切削油，如需加油可通过油盘加入。启动机器后，板牙头应有切削油流出。(注：为了保证套出高质量的螺纹，应使用套丝机专用切削油。)

(3) 套丝操作

① 任何非旋转状态下的动作均应停机进行。

② 顺时针方向转动前后卡盘，松开三爪，将管子从后卡盘装入，穿过前卡盘，伸出长约 100mm。

③ 用右手抓住管子，先旋紧后卡盘，再旋紧前卡盘，然后将锤击盘按逆时针方向适当锤紧，管子就加紧了。

④ 板起割刀架和倒角架，让开位置，放下板牙头，使其与方形块接触，用锁销锁紧，当板牙头可靠定位后，再按按钮，启动设备。

(4) 割管操作

① 板起板牙头和倒角架，前后卡盘加紧管子。

② 板下割刀架，转动割刀手柄，增大刀架开度，使割刀架滚子能跨越于管子上。

③ 转动滑架手柄，使割刀移至割断位置。

④ 旋转割刀手柄，使割刀与管子靠近。

⑤ 开启设备，然后将割刀切入管子，管子每转一圈进刀 0.15~0.25mm，即主轴每转一圈割刀手柄进 1/10 转左右，切割完毕后，将割刀退回，并板起割刀架复位。(注：切割时进刀量不能过大，用力不能太猛，否则会使管子变形，割刀损坏。)

(5) 管内径倒角操作

① 板起割刀架与板牙头，板下倒角架。

② 开启设备，转动滑架手柄，将倒角器进入管子内进行倒角。

③ 倒角完毕后停机，将倒角架复位。

(6) 维护与保养

① 每天清洗油盘，如果油色发黑或脏污，应清洗油箱，换上新油。

② 每天工作结束后，清洗板牙和板牙头，检查板牙有无崩齿，清除齿间切屑。如果发现损坏应及时更换，更换板牙时不能只更换一个，应更换一副，即四个板牙。

③ 为保证前后轴承的润滑，在使用时应向主轴机壳上面的两只油杯加油，每天不得少于两次。

④ 每周检查割刀刀片，发现钝时，要及时更换。

⑤ 每周清洗油箱过滤器。

⑥ 每月检查卡爪中卡爪尖磨损情况，如发现磨损严重时，必须更换卡爪尖一副。

⑦ 当设备长期不用时，应拔掉电源插头，在前后导柱及其他运行面上涂抹防锈油，存放于通风、干燥处妥善保管。

5.32 手提式可燃气体检漏仪操作维护规程

(1) 设备的使用

① 打开电源开关，仪器进行预热自检，1min 后自检完毕，发出间断且有节奏的打击声。

② 开机后，绿色电源指示灯亮，如果其亮度变低或声光指示不正常时，说明电压太低，应给电池充电，每次充电时间应为 6~10h。

③ 转动预置旋钮，使左边第一个报警指示灯处于临界发光状态，同时具有间断的打击声响，则进入正常工作。

④ 将探头置于待测环境中，当有燃气泄漏时，打击声将变为连续的报警声，并且报警指示灯亮，每亮一个灯检测浓度为 30ppm。指示灯亮的数目越多说明燃气浓度越高，指示灯亮的最多时，探头所处的位置即为泄漏点。

⑤ 当指示灯全亮仍未确定漏点时，应逆时针方向转动预置旋钮，只保留 1~2 个指示灯亮，继续检测，指示灯亮的最多时探头所处的位置为燃气泄漏点。

⑥ 充电方法：仪器电源开关应处于关闭状态，将充电器的充电插头插入仪器的充电插孔，将充电器的电源插头插入 220V 电源插座，这时充电器上的红色指示灯亮，说明充电正常。

(2) 仪器使用注意事项

① 不要随便拆卸。

② 不要用大量燃气直冲探头，以免灵敏度降低或损坏探头。

③ 仪器长时间不用时每月充电一次，每次充电时间为 6~10h。

④ 检测时，应避免杂物黏在探头上，堵塞探头。

5.33 发电机操作与运行

(1) 操作前的准备

① 清除机组内外部分的灰尘、水迹和铁锈等污垢异物。

② 检查各连接紧固件情况，连接是否可靠。

③ 检查控制柜连接部位是否牢固。

④ 打开水箱加水盖，将清水加入水箱中，使水流出，直到流出的水无锈迹，再加水并检查各部位有无漏水或阻塞。

⑤ 检查油底壳内机油的存量及污蚀情况。

⑥ 接通油箱至柴油机的油路，并用输油泵排除油路中的空气，并检查是否有漏油情况。

⑦ 检查蓄电池的容量、电池容量不足应充电。

（2）机组的启动与供电

机组经上述检查，准备后无问题可进行启动。

① 将喷油泵供油手柄调至 700r/min 左右的位置上。

② 打开电锁的钥匙，接通启动电路。

③ 按下启动按钮，使机组启动，若在 3~5s 内未能启动，应立即释放按钮，待 1min 后再作第二次启动，如按三次启动都失败，应检查原因并排除故障后再启动，机组启动后即释放按钮。将电锁钥匙放回中间位置。

④ 按柴油机使用说明书要求进行低速暖机，待运行正常后，逐渐增速至定额转速并观察电压表和频率表的读数。

⑤ 检查各仪表指示是否正常，待柴油机水温高于 55℃，机油温度高于 45℃时方可逐步进入负荷运转。合上空气开关，即向外送电。

⑥ 使用过程中，应记录有关数据：机组运行情况、停机时间、原因及检查或修理情况等。

（3）停机

① 停机前先逐渐卸去负荷，断开自动开关，停止供电。

② 在空载状态下，将调速手柄调节到转速 600r/min 左右，低速运转 3min 左右，拨动停机手柄停机。

③ 检查有无异常现象，并清洁整机，进行维护保养，做下一次启动准备。

5.34 用户入户安检操作规程

（1）目的

为确保入户安全检查人员检查全面、处置正确，特制定此规程。

（2）范围

本指导书适用于公司用户的日常安全检查。

（3）内容

① 风险提示：

a. 用户的安全检查，宜选择在其高峰使用之前进行。

b. 发现用户用气后不关表后阀的，应向用户讲明危害，要求其用气后必须关闭表后阀。

c. 检查过程中注意燃气仪表管线、管件是否被暗埋、暗封在墙体内或柜体内；燃气管线上禁止堆放或悬挂任何物品，否则应立即清除。

d. 使用热水器的用户，检查时注意查看热水器是否符合规范要求，热水器必须按规定安装在通风良好的地方，禁止安装在浴室内或封闭处。

e. 燃气管道不得擅自改动或作为其他电气设备的接地线使用，且无锈蚀、无重物搭挂。

f. 回访时，对用户提出的问题必须认真、耐心解答。发现用户对燃气设施使用不当的，必须认真向其讲解有关燃气的法律、法规知识，使用户意识到不正确操作使用燃气的危害。

② 预防及应急措施：掌握燃气突发事故应急预案，具备一定的现场处理能力。

③ 准备工作：

a. 正确穿戴工作服，佩戴胸牌。

b. 安全检查人员应配备与岗位要求相适应的燃气检测、维修、通信、服务等工具和材料。

c. 入户安全检查，应按照与用户约定的时间提前到达。如遇用户不在而又无法联系，应填写用户留言条，以示告知，并重新预约。

d. 掌握户内燃气设施操作和维修知识，能熟练完成居民户内燃气设施的安全检查。

④ 操作步骤：

a. 进户后，先关掉正在使用的燃气设备。

b. 用检漏仪和检漏液对入户进气阀至用气设备连接管路的各个连接处(丝扣连接、喉箍连接、阀门等)进行测漏，发现漏气及时维修，无法当场维修的，通知抢维修人员前来维修，并做好记录。

c. 检查燃气设施、管材、管件的安装部位是否具备自然通风状态。

d. 检查表前、表后阀，阀柄是否完好、阀芯启闭是否完全到位，有无内漏，阀门接口有无裂纹。

e. 检查软管是否超过 2m；有无老化、裂纹及利物划伤，有无被老鼠咬破、软管是否埋在墙体内及地面下；软管与燃气设施的连接处是否有喉箍并且紧固。

f. 检查仪表、管线有无被包裹现象；有无私自拆卸、改动、损坏燃气设施现象。

g. 检查管线、仪表与用电设备开关的安全距离是否符合规定。

h. 检查所有未接燃气设施的阀门是否加装了盲板，否则建议用户整改。

i. 检查管道及表具的托架是否正常。

j. 电线是否缠绕在燃气管道上或以燃气管道为基础跑线，否则要求用户整改；电源开关、插座、配电箱是否安装在燃气表上方，与燃气表及管道上的接口水平距离不小于150mm。如果是，则要求用户按规定整改。

k. 检查表具走字是否正常，包括积算仪与走字是否相符。

l. 打开燃烧器具，检查燃烧是否正常，有无离焰、脱火、黄焰、回火、爆燃等现象。

m. 对发现的私改，燃具不合规范，封表、埋管、软管位置状态等安全隐患，以书面形式告知用户并要求及时整改。

n. 在检查过程中对燃气设施管理人员、使用人员进行必要的天然气使用安全常识、安全操作技能的宣传教育，并做好记录、签字。

o. 填写用户安全检查记录，由用户、安检人员签字，归档存查。

⑤ 做好相关记录。

5.35 加臭装置操作规程

（1）主要风险

① 接触四氢噻吩易导致皮肤腐蚀、人员吸入中毒等人身伤害。

② 操作过程中触电造成人员触电伤害。

③ 四氢噻吩遇高温、明火及强氧化剂引起燃烧导致火灾、爆炸。

（2）控制措施

① 正确穿戴劳保防护用品。

② 进行四氢噻吩加注操作时应进行断电。

③ 严格按照操作规程进行操作，作业过程专人监护。

（3）操作步骤

① 检查与准备

a. 正确穿戴劳动保护用品，熟悉和掌握加臭装置及工艺流程。

b. 确认供电电源正常。

c. 确认单次注入量满足运行要求，标准加臭量（夏季不低于 $20mg/Nm^3$，冬季不低于 $25mg/Nm^3$）。

d. 确认流程正确导通。

e. 作业前告知站控室值班人员。

② 操作程序

a. 单次加臭量调试。

b. 关闭回流阀。

c. 进行内循环试验，观察各阀门的有效性、密封性及浮子流量计的运行情况。

d. 设定一个合适的工作频率，使标定器中充满液体，记录液位高度，关闭进液阀、输出阀；打开标定器截止阀、回流阀、泵截止阀。

e. 确定单次注射量：启动控制器，使设备处于回流状态，这时可以调整计量泵补油系统、柱塞行程、确定单次注射量。单次注射量的确定方法是，关闭液面计阀门，观察液面计管中液面下降刻度，一小格为 500mg，一大格是 1000mg，配合柱塞行程调整可以得出理想的单次注射量。

③ 加臭装置启动

a. 开启工作泵并置于手动状态，确认加臭泵前、后阀门为开启状态，禁止关闭阀门运转。

b. 关闭加臭剂输出阀，打开回流阀、液面计底阀及管路各阀门，使设备处于回流状态，调整加臭泵补油系统、柱塞行程、单次输出量。

c. 观察液面计管内是否有气泡，没有气泡后，关闭回流阀，打开加臭剂输出阀，观察压力表示值高于燃气管道压力（加臭泵输出加臭剂的压力应高于被加臭的燃气管道最高工作压力，宜为燃气管道最高工作压力的 1.2~1.5 倍）。

d. 关闭液面计底阀，使加臭泵工作时药剂只能从液面计玻璃管内排出，计量若干次加臭总量，计算准确单次输出量，打开液面计底阀。

e. 在控制室计算机上输入单次输出量。

f. 在计算机上输入相应燃气流量对应的加臭量。

g. 在燃气管网末端检测加臭剂浓度，重复上述 a. b. 的相关操作直至管网末端加臭剂浓度符合要求，将控制器的泵工作方式切换到自动模式，正常进行加臭操作。

④ 加臭装置停用

a. 控制器停止：可以置工作泵为停止模式；也可以关闭电源开关。

b. 现场停止：关闭泵的防爆开关。

c. 以上两项停止后，还应该关闭加臭剂输出阀，防止燃气倒流。

(4) 更换加臭泵膜片操作

a. 关闭控制器或设备上的防爆开关。

b. 关闭加药阀，打开回流阀。

c. 关闭上、下单向阀上的针形阀，拆下针形阀螺母。

d. 拆下上料泵头上的四个不锈钢螺钉，取出膜片。

e. 小心清洁上料泵头和补油泵头上的杂质，装上新的膜片。

f. 拧紧上料泵头上的四个不锈钢螺钉。

(5) 维护保养

① 定期检查加臭泵的工作状态润滑油面，保证润滑充分。

② 定期检查加臭泵的润滑油液位高度。

5.36　干燥塔操作规程

(1) 开机前要确认阀门状态正确。(严格按照干燥机工作阀门状态示意图进行倒塔。)

(2) 开机前确认工作压力是否正常，是否达到标准工作压力要求(设备铭牌上产品型号已注明)，最低压力不能低于标准工作压力的 2/3，最好是标压开机。

(3) 开机前确认压缩机润滑油位是否在观察窗 2/3 位置；若该压缩机没有油位观察窗，可查看加油处油标刻度尺，保证润滑油位不低于刻度尺上两个油位刻度，并且空转皮带轮 2 圈以上。

(4) 在需切换塔体(倒塔)再生前，应检查空气仪表风压力(空压机压力)不低于 0.6MPa。检查空压机到设备上的所有空气源阀门是否处于开启状态。

(5) 将电控箱内开关 QF_0—QF_5 全部拨至 ON(向上)。

(6) 准备就绪后，按一下启动键，再生系统会自动完成一个再生流程，若干燥器为全自动脱水，在按下塔 1 或塔 2 启动键后，应去现场核实设备上所有气动阀门是否动作到位。在所有气动阀门转动到位后，系统会自动开始运转再生流程。直到再生完成后，自动停机。

(7) 有些低版本系统干燥器没有记忆功能，如中途停机或再生完成后，再次开机时，要先按一下停机键复位。

（8）干燥机再生开始后应观察设备上压缩机润滑油位（不能低于观察窗 1/2 位置）。

（9）干燥器运行中应每隔 60min 进行一次巡查（声音、各压力表、温度的参数）并记录，平衡一下再生系统和工作塔之间的压力。

（10）再生时液气分离器每隔 60min 排污一次。（如：观察到再生温度达到 100℃左右时，液气分离器排污中排液量仍较多，建议以后将液气分离器排污频率提高到每 30min 排污一次，此项必须严格按要求。）

（11）停机时，液气分离器内部残液要排放干净，并对前后置过滤器排污也进行一次排污。

（12）严禁在压缩机和干燥器工作中切换各个阀门的工作状态。

（13）前后置过滤器每工作 8h 排污一次。

（14）压缩机曲轴箱润滑油用油标准：冬季用 46#或 L-DAB100#抗磨液压润滑油；夏季用 68#或 L-DAB150#抗磨液压润滑油。（注意：环境温度低于 5℃用冬季油；环境温度高于 5℃用夏季油。压缩机首次使用，建议压缩机工作一周后更换掉第一次的用油，以后每季度更换一次用油，如压缩机运行过程中，发现润滑油颜色、油质发生变化，停机后应及时更换压缩机润滑油。）

（15）要经常检查冷却风机散热器有没有堵塞和风量减小现象，如有应及时清洗冷却风机散热器部位。（建议每半年清洗一次冷却风机散热器。）

（16）低压设备干燥机前、后置过滤器滤芯每年清洗一次。（滤芯清洗前，应先卸压，确保无压安全后，才能进行下一步拆卸过程，拆卸或安装中注意滤芯 O 形密封圈不能破坏。）

（17）干燥机塔体内分子筛每年检查或补填一次（注意：分子筛检查前，应先对干燥机整体卸压操作，确保无压安全后，才能进行下一步拆卸过程。）

（18）干燥机控制柜和现场设备防爆接线箱建议每半年禁锢一次电路连接端子及测量各电子元器件的阻值是否正常。（注意：日常保持控制柜及现场防爆接线箱内部防潮和除尘工作。）

（19）加热温度≤230℃；再生温度≤120℃；监控温度≤250℃。

第6章　门站应急处置

6.1　门站危险有害因素辨识

（1）主要危险物质危险有害因素辨识（表6-1）

表6-1　主要危险物质危险有害因素辨识一览

区域划分	危险源(点)	事故类型
各场(门)站工艺区、管线	天然气	窒息、火灾、其他爆炸
加气站工艺区与加气区、气化站工艺区与卸车区	液化天然气	窒息、其他伤害
各场(门)站柴油发电机房	柴油	中毒和窒息、燃烧、其他爆炸
门站工艺区加臭区	四氢噻吩	中毒和窒息、燃烧

（2）场站危险有害因素辨识（表6-2）

表6-2　场站危险有害因素辨识一览

区域划分	危险源(点)	事故类型
长输管道与城市燃气通用设备设施工艺区	过滤分离器滤芯堵塞，压力变送器失灵导致憋压引发天然气泄漏	窒息、火灾、其他爆炸
	计量、调压装置由于阀门、法兰等连接处或焊缝缺陷处发生天然气泄漏，泄漏区存在明火或静电火花	窒息、火灾、其他爆炸
长输管道与城市燃气通用设备设施工艺区	调压装置故障导致下游管道超压	容器爆炸
	电加热器失效导致天然气节流后管线冰堵，可能造成管线低温破坏，上游管道憋压泄漏，泄漏区存在明火或静电火花	窒息、火灾、其他爆炸
	电加热器的温控器失效温度不断升高	容器爆炸
	自动控制装置未定期做功能性测试，截断阀存在缺陷，可引发泄漏或不能及时切断气源；阀门本身制造缺陷导致内漏；排污阀或放空阀失灵造成天然气泄漏；调压装置阀门失灵造成高压气体串入低压系统	窒息、火灾、其他爆炸、容器爆炸
	自动控制系统未开展定期的功能性测试，当其有关的检测系统，如压力监测系统、温度检测系统、火灾报警系统、可燃气体检测系统等发生故障，会造成误判断或不动作，造成泄漏	窒息、火灾、其他爆炸

续表

区域划分	危险源(点)	事故类型
长输管道与城市燃气柴油发电机房	发电机故障导致柴油泄漏	中毒和窒息、火灾、其他爆炸
放空区	当泄压量超出正常范围且在低洼处聚集导致与空气混合达到天然气爆炸极限，遇火源	其他爆炸
配电间	电器设备缺陷或导线过载、电器设备安装或使用不当等，从而造成温度升高至危险温度	火灾
	电气线路或电气设备在设计安装上存在缺陷，或在运行中缺乏必要的维检修，使设备或线路漏电、过热、短路、接头松脱、断线碰壳、绝缘老化、绝缘击穿、绝缘损坏、PE 线断线等	触电
	没有设置必要的电气安全技术措施	触电
	电气设备运行管理不当，安全管理制度不完善	触电
	电工或机电设备操作人员的操作失误或违章作业	触电
锅炉房	锅炉房天然气在管道输送过程中，调压装置发生故障时，供气压力不稳定，瞬间高压状态下将冲击管线、阀门等，使管线、阀门、法兰等处天然气泄漏，遇火源发生爆炸	火灾、其他爆炸
	气源不稳定、燃烧器发生故障、控制不当、操作失误的情况下，或因控制装置失灵，多次强制启动	锅炉爆炸
	锅炉运行中熄火，未及时自动切断燃料	锅炉爆炸
	锅炉运行中熄火，未及时自动切断燃料；或炉膛温度低，燃烧器故障，或效率降低，火焰燃烧不充分，在自动熄火保护装置失灵情况下，炉膛内可燃气体达到爆炸极限	锅炉爆炸
	锅炉启动点火前未按照规定强制通风，炉膛内或烟道内积存的燃料与空气混合形成爆炸性混合物，达到了爆炸极限浓度，遇火源发生爆炸	锅炉爆炸
	锅炉严重缺水会使锅炉蒸发受热面管子过热变形甚至烧塌，胀口渗漏，胀管脱落，受热面钢材过热或过烧，降低承载能力，管子爆破，炉壁损坏	锅炉爆炸
	锅炉的热水循环泵运转时，如果机泵外露运动部件的防护设施未装或损坏失效	机械伤害
	检修作业时，检修人员不慎触及运动部件，易造成卷入，致绞、辗、夹伤等机械伤害	机械伤害
	低压配电电气设备、动力用电设备及线路照明、线路及仪表自控线路，如保护接零没接或失灵，漏电保护装置没装或失效，绝缘破坏、接地不良	触电
	岗位人员可能触及的高温部位采取防护措施不当、设备或管线由于腐蚀或操作不当等使温度较高的介质发生泄漏	灼烫、火灾

续表

区域划分	危险源(点)	事故类型
长输管道场站阀室工艺区	气液联动球阀两根引压管距离过近，可能出现静电击穿引压管，造成天然气泄漏	火灾、其他爆炸
	收发球操作时不遵守操作规程或超压，盲板被高压顶开	物体打击
	管道旁路阀门未关严、管道严重变形或管内有较大异物未清除干净、管道内发生冰堵等原因堵塞管道时会造成清管器丢失、卡阻，清除卡阻操作不当	物体打击、机械伤害
	旋风分离器去除天然气中的水分和固体颗粒，当分离器内积累较多的固体颗粒和粉尘时，会影响天然气的分离效果，严重时堵塞分离器，进一步造成憋压而引发泄漏，遇火源发生爆炸	窒息、火灾、其他爆炸
城市燃气门站工艺区	压缩机运行中的温度、压力、振动等因素都使其产生疲劳而使部件、管线开裂损坏，天然气泄漏，遇火源发生爆炸	窒息、火灾、其他爆炸
	由于材质、安装质量等，其缸体连接处、吸排气阀门、设备主体和管道的法兰、焊接和密封等部位缺陷，以及在运行中压力、温度等原因都可造成天然气泄漏	窒息、火灾、其他爆炸
	压缩天然气压力超高，超负荷运行可导致天然气压缩机发生爆裂	窒息、火灾、其他爆炸、容器爆炸
	由于润滑油过滤器芯子引起的不正常温度升高，加速润滑油的氧化	火灾
	压缩机转动部件的防护失效或无防护设施	机械伤害
	压缩机出口气体温度较高，操作人员操作不慎触碰	灼烫
	空气压缩机润滑油的蒸汽在高温、高压的空气流中氧化热裂解、空气被污染(净化处理不好)、带水，与润滑油发生反应造成压缩机出口管道、各段冷却盘管、缓冲器里面产生了积炭物，积炭的自燃并促进油的氧化和燃烧，在这一过程中产生一氧化碳	窒息和中毒、燃烧、其他爆炸
	空冷器是对压缩后天然气进行冷却的设备，管道因为设备缺陷、腐蚀等原因造成天然气泄漏	窒息、火灾、其他爆炸
	空冷器控温组件失效，导致天然气未达到设计温度就进入管道，会对管道内防腐层造成损伤，进而腐蚀管道，造成天然气泄漏	窒息、火灾、其他爆炸
	高温天然气会造成管线的热胀，进而导致焊缝开裂	窒息、火灾、其他爆炸
	空冷器天然气进口温度较高，操作人员操作不慎或无防护装备	灼烫
	LNG 储罐内液化天然气温度可达-160℃，罐体阀门处泄漏后，可能导致人体冻伤，遇火源发生爆炸	窒息、火灾、其他爆炸
	若罐体保冷系统不正常，可能导致液化天然气气化，罐内压力升高	容器爆炸

续表

区域划分	危险源(点)	事故类型
城市燃气门站工艺区	水浴式电加热器内介质管道若出现腐蚀，严重时可能导致 LNG 泄漏，与水或水蒸气混合，在电加热器筒体内形成可燃介质	火灾、其他爆炸、容器爆炸
	水浴式电加热器出现故障，LNG 气化效果差，可能对后续非低温装置造成危害，管道设备低温脆裂，介质泄漏	窒息、火灾、其他爆炸
	气化器失效，可能是液态天然气逸出气化器，对后续非低温装置造成危害，管道设备低温脆裂，介质泄漏	窒息、火灾、其他爆炸
	气化器若每次打开供液阀(或切换)动作较快，可能使设备未完全冷透，导致换热管突然冷收缩对焊缝产生强大应力而使介质泄漏	窒息、火灾、其他爆炸
	气化器放置的地基若出现不平整或局部沉降，可能产生偏流现象，使出口气相管线带液结霜，进一步导致停气，严重时可能使后端管线设备低温破裂，介质泄漏	窒息、火灾、其他爆炸
	加气枪头配置的密封阀失效，在加气过程中造成天然气大量泄漏	窒息、火灾、其他爆炸
	加气软管的拉断阀失效，在加气过程中汽车的意外启动而拉断加气软管或拉倒加气机，造成天然气泄漏	窒息、火灾、其他爆炸
	加臭装置若出现加臭剂泄漏	窒息和中毒
	加臭装置若出现加臭剂泄漏，遇火源发生爆炸	火灾、其他爆炸
	站内的 CNG 瓶组为高压瓶组，若气瓶本体未按期检定或带病运行	容器爆炸、物体打击、机械伤害
消防系统	消防设施故障或紧急运行条件受限引起的紧急条件下无法正常使用，主要表现为设备不能正常运行和联动系统功能缺失	火灾、其他爆炸
	置于站控室内的二氧化碳灭火器和七氟丙烷灭火系统意外开启	窒息和中毒

(3) 管线危险有害因素辨识(表 6-3)

表 6-3 管线危险有害因素辨识一览

危险源(点)	事故类型
管件在冷热成型过程中，若工艺或质量存在问题，长期运行过程中由于持续承压，可能导致焊缝位置或材料薄弱处开裂或产生裂纹等缺陷，此外，弯头等管件受介质冲刷、热胀冷缩产生变形，可能导致管道受力不均发生破裂	窒息、火灾、其他爆炸
城镇燃气的 PE 管熔接处熔接效果不好，可能导致介质泄漏	窒息、火灾、其他爆炸
管线在水域穿越时，河床降低或被侵蚀，可能造成管线露管或悬空，破坏管道防腐层，造成泄漏	窒息、火灾、其他爆炸
管道沿线穿越铁路、公路，公路上的过往车辆对管道具有周期性的疲劳损伤，铁路火车通过时产生的振动可能对管道产生应力破坏，对管道寿命有一定的影响；公路、铁路施工或养护时，如果对地下线位不清，可能对管道造成破坏	窒息、火灾、其他爆炸

续表

危险源(点)	事故类型
管线穿越高后果区、规划区、矿压区时可能发生第三方施工，管道悬空，管道变形，泥石流、滑坡等人为第三方破坏和自然破坏	窒息、火灾、其他爆炸
管道在山中敷设，管道山区敷设的主要危害为自然灾害，山体滑坡、泥石流、塌方、水毁等可能造成水保的毁坏，管道的裸露、浮管，管道变形、断裂等	窒息、火灾、其他爆炸
管道与高压线并行或交叉的区段较多，且并行或交叉的高压线电压高低不一，范围较广，高压线在输电过程中的电磁干扰对管道沿线土壤电流有很大的影响，且电流波动变化较大，使管道阴极保护电流受其杂散电流的干扰，进而导致阳极保护失效，在管道防腐层破损的情况下，可加速管道的腐蚀穿透，最后泄漏	窒息、火灾、其他爆炸
沿线与其他管道交叉，其他介质管道发生泄漏、火灾、爆炸时也会波及本管道，导致管道破损，发生危险	窒息、火灾、其他爆炸
不同管道之间的阴极保护，可能发生交叉影响，导致管道的阴极保护失效，管道防腐层破坏，介质泄漏	窒息、火灾、其他爆炸
违章占压经常会在管道上方施工作业，倘若管道位置不明，盲目施工将容易造成管道防腐层破损或管道机械性损坏穿孔泄漏	窒息、火灾、其他爆炸
管道沿线若存在深根植物，植物的根茎会破坏管道的防腐层，使管道本体遭受腐蚀穿孔，造成天然气泄漏	窒息、火灾、其他爆炸
管道上如有长期占压或重车碾压，导致管道焊缝应力集中产生裂纹，造成天然气泄漏	窒息、火灾、其他爆炸
阀室地势低洼，也可能发生雨水洪涝淹没、管道下沉，阀门倾斜、损坏等造成天然气泄漏	窒息、火灾、其他爆炸
阀室中截断阀门的根部阀、手动球阀的排污嘴和压力表连接处泄漏	窒息、火灾、其他爆炸
机柜间设备在运行中，若温度过高、湿度较大、雷击伤害等都可能导致蓄电池组短路、机柜信号中断或偏差	火灾
非 RTU 监控阀室未设置视频监控与信号上传，站控系统不能对现场的数据进行监控，阀室内气体泄漏，不能及时处置	窒息、火灾、其他爆炸
城燃管网的管道由于电化学腐蚀、应力腐蚀、管道的强制电流阴极保护遭到人为破坏、施工时防腐层损坏等导致变形或爆破，也有可能导致管道穿孔，引发天然气泄漏	窒息、火灾、其他爆炸
管道多次穿越公路、铁路，在穿越处地基振动产生管道振动等也会产生交变应力，对管道产生疲劳破坏，疲劳裂纹逐渐扩展贯穿整个壁厚后，会导致介质天然气泄漏	窒息、火灾、其他爆炸
气体输送速度高，在管线转弯处、补焊点突起阻碍处、弯管外弧侧、环焊缝内余高偏高等处会有流体涡流作用，造成冲蚀。冲蚀使壁厚减薄，甚至穿孔	窒息、火灾、其他爆炸

（4）道路运输危险有害因素辨识（表6-4）

表6-4　道路运输危险有害因素辨识一览

危险源（点）	事故类型
由于驾驶人员未按要求取证、超速驾驶、对规定的驾驶路线不熟、不按期对车辆进行检查、未及时修复罐体及附件的缺陷等，运输车辆发生事故出现介质大面积泄漏	窒息、火灾、其他爆炸
LNG温度可低至-160℃，一旦出现LNG泄漏，不仅有潜在的火灾爆炸影响，在人员无防护或防护不到位的情况下，可能导致接触人员低温冻伤	窒息、火灾、其他爆炸、其他伤害
CNG具有压力高的特性，除了介质的易燃易爆风险，在运输的过程中，也可能发生高压物理爆炸冲击	窒息、火灾、其他爆炸、容器爆炸
驾驶人员的违章驾驶和安全意识淡薄、驾驶人员对道路状况掌握不清、道路路况差、道路缺少安全设施等，可能导致道路安全事故	车辆伤害

（5）工程建设与维检修作业危险有害因素辨识（表6-5）

表6-5　工程建设与维检修作业危险有害因素辨识一览

危险源（点）	事故类型
动火作业时，不按规定办理动火作业票，不执行动火规定的安全措施，动火点周围存在易燃易爆物质	火灾、其他爆炸
设备、管道的更换需要进行电、气焊割作业时，氧气瓶与乙炔瓶混放、间距较小、距离火源较近或曝晒	火灾、其他爆炸
置换不合格、管道及设备泄漏、违章动火、焊机绝缘失效、二次回路连接不符合要求	火灾、其他爆炸
焊接过程中，操作不当或防护不当	灼烫、其他伤害（弧光刺伤眼睛、超声波与射线伤害）
未按规定办理临时用电作业票，没有有效的个人防护装备和防护措施	触电、灼烫、火灾、其他爆炸
挖掘作业时未对地下埋地管道调查或调查不实，在施工过程中，可能不慎挖坏原有的油气水管线、电缆、通信电缆	火灾、其他爆炸、触电
对罐体、较大容器等进行检修前未将设备隔绝、清洗、置换和通风，未经过氧含量分析合格开具作业证，未采取个体防护措施，未达到监护的条件	窒息和中毒、其他爆炸
进行高处作业的人员身体状况不好，患有职业禁忌证和年老体弱、疲劳过度、视力不佳及酒后作业或未佩戴劳动防护用品或上下时手中持物（工具、材料、零件等）或易滑动、滚动的工具、材料堆放在脚手架上	高处坠落、物体打击
起重作业时，司机、信号指挥员等沟通不畅、无关人员进入作业现场、超负荷或起吊物体质量不明、斜拉重物或重物紧固不牢、吊装设备设施带病使用（含安全装置失灵）、作业人员未佩戴劳动防护用品、悬吊重物下方站人、通行和工作	起重伤害

续表

危险源(点)	事故类型
管线打开作业时，若未进行氮气置换或氮气置换不彻底，管道或设备内尚存余气或上下游能量隔离不可靠，天然气泄漏	火灾、其他爆炸
脚手架搭设未使用合格的材料或搭设不规范，或作业人员未佩戴劳保用品和安全带	高处坠落
使用机动车辆运送人员或材料时，司机失误或车辆故障	车辆伤害

6.2 事故风险分析与评价

(1) 典型输气场站事故风险辨识与评估(表6-6)

表6-6 典型输气场站事故风险辨识与评估

事故类别	主要事故的成因分析	影响范围	风险评价					风险等级
			可能性 L	暴露于危险环境的频率 E	危险严重度 C	危险性 D	危险性程度	
火灾	天然气闪点低、易燃、易爆，站内设备、管线、阀门、法兰等发生泄漏，遇到火源(明火、静电火花、撞击火花、电火花等并达到点燃能量)，发生火灾爆炸	输气站站内工艺装置区，导致现场巡检、检修人员1~3人伤亡	3	6	15	270	高度危险	橙
	在生产过程中，天然气在管线内流动、接触和分离时因摩擦可产生静电，行走、穿脱衣服时也可能产生静电。由于设备静电接地的失效不能使产生的静电导入大地，在静电荷积聚到放电的程度且放电能量大于可燃混合物的闪点时，导致火灾或爆炸事故		3	6	15	270	高度危险	橙
	排污池内可能存在可燃气体，在进行排污池转运或打开排污池盖时遇火花发生火灾爆炸事故		3	6	15	270	高度危险	橙
	发电机试运行、维护保养时，柴油泄漏，发电机房内使用非防爆设备，发生火灾、爆炸		3	6	15	270	高度危险	橙
	检修期间易造成判断失误，导致天然气泄漏，串入不应进入的系统，遇明火易引发火灾、爆炸事故		3	6	15	270	高度危险	橙
	站场动火作业前未进行气体置换检测、可燃气体置换不合格、工艺系统隔离不充分、工艺区动火违法操作规程、天然气串入动火管线，可能导致着火爆炸事件发生		3	6	15	270	高度危险	橙

续表

事故类别	主要事故的成因分析	影响范围	风险评价					风险等级
			可能性 L	暴露于危险环境的频率 E	危险严重度 C	危险性 D	危险性程度	
火灾	气液联动阀执行机构漏油遇明火发生火灾	输气站站内工艺装置区，导致现场巡检、检修人员1~3人伤亡	3	6	7	126	显著危险	黄
	恐怖袭击导致管道或设备损坏，遇明火发生火灾爆炸		1	6	15	90	显著危险	黄
	违章用电、电气线路过载、电气线路绝缘损坏、电气设备老化、电气自动保护系统失效等引发火灾		3	6	7	126	显著危险	黄
	雷击引发的火灾爆炸事故		3	6	15	270	高度危险	橙
	高低压电气系统故障引发的火灾事故		3	6	7	126	显著危险	黄
	仪表故障可能导致泄漏的可燃气体不能被及时发现和处理，导致火灾爆炸事故		3	6	15	270	高度危险	橙
	引压管距离近，或引压管绝缘卡套失效导致阴保电流烧蚀引压管，放电可能击穿引压管，导致火灾爆炸事故		3	6	15	270	高度危险	橙
	当带压气体从设备、管线泄漏口形成喷射气流而产生静电火花立即起火，形成火球会危及设备、人员安全。高低压气体泄漏后与空气混合形成可燃蒸气云团，随风飘移遇明火时可能发生爆燃		3	6	15	270	高度危险	橙
坍塌	挖掘作业时放坡不够、边坡缺少支护、坑边堆土或承载重物、自然灾害等原因导致坍塌事故	导致正在输气站站内挖掘作业的人员1~3人伤亡	6	1	15	90	显著危险	黄
	未对地下设施做安全防护		3	1	7	21	可能危险	蓝
	未对周边设施设备做临时支撑		6	1	7	42	可能危险	蓝
	未设置斜坡、台阶、支撑挡板等保护措施		6	1	15	90	显著危险	黄
	作业坑内通风不足		6	1	7	42	可能危险	蓝
	脚手架作业时脚手架搭设不合格、违章操作、管件不规范堆放或者工器具随意丢弃		6	1	7	42	可能危险	蓝

续表

事故类别	主要事故的成因分析	影响范围	风险评价					风险等级
			可能性 L	暴露于危险环境的频率 E	危险严重度 C	危险性 D	危险性程度	
触电	临时用电时，接线不规范、电缆裸露漏电、设备未接地、电线短路、人员违章操作	导致电气维检修人员 1~2 人伤亡	6	1	7	42	可能危险	蓝
	电动执行器维护保养和故障处理时，电动执行机构拆装时动力系统接线未断电，控制系统接线未断电		3	1	7	21	可能危险	蓝
	电气设备维检修作业前停电隔离错误或未隔离、操作前未验电、人员误操作，未按操作规程使用检测设备		3	1	7	21	可能危险	蓝
	维检修设备未放电或者放电不彻底		3	1	7	21	可能危险	蓝
	在变配电间倒闸操作时未按照要求佩戴劳保防护用品、未使用电气专用工具、带负荷操作、未按工作票操作		3	3	7	63	可能危险	蓝
	误操作、违反操作规程、电气设备存在安全隐患引发人员触电		3	1	7	21	可能危险	蓝
	绝缘失效后会产生放电现象		3	6	7	126	显著危险	黄
	电气线路老化、绝缘层失效、潮湿环境、非持证电工进行电气作业等情况下均可能导致人员触电		3	1	7	21	可能危险	蓝
高处坠落	在非承重物上直接作业或者搭建平台不牢固	导致正在输气站内办公区以及操作面大于 2m 的工艺装置区进行巡检、维检修人员 1 人伤亡	3	1	7	21	可能危险	蓝
	从事高处作业时安全防护不当		3	1	7	21	可能危险	蓝
	夜间作业光线不足		1	6	15	90	显著危险	黄
	人员从梯子上滑落		3	6	7	126	显著危险	黄
	高处作业时平台因固定不牢或未采取防护措施易发生人员坠落		3	1	7	21	可能危险	蓝

续表

事故类别	主要事故的成因分析	影响范围	风险评价					风险等级
			可能性 L	暴露于危险环境的频率 E	危险严重度 C	危险性 D	危险性程度	
高处坠落	工作平台上护栏高度不够、横杆净间距大于380mm、竖杆净间距小于1000mm，均是发生人员坠落事故的隐患	导致正在输气站内办公区以及操作面大于2m的工艺装置区进行巡检、维检修人员1人伤亡	1	6	15	90	显著危险	黄
	在2m以上的作业面操作、检修作业中，未按规定使用安全带；雨雪冰冻天气踏板湿滑，沿梯频繁上下，易发生高处坠落		3	1	7	21	可能危险	蓝
中毒和窒息	人员进入容器(排污池)等有限空间作业内部清除异物、维修时，未按规定进行放空、置换、清洗、通风、检测，容器残存的有害气体，在通风不良的情况下会直接影响作业人员的身体健康，严重时可导致人员中毒事故发生	进入受限空间，如排污池的维检修人员1~2人伤亡	6	0.5	7	21	可能危险	蓝
	有限空间作业时存在有毒有害气体，作业前未通风置换或置换不彻底		6	0.5	7	21	可能危险	蓝
	收发球作业、过滤器更换等氮气置换导致管线崩脱，氮气置换过程中发生窒息，施救不当造成人员窒息		3	1	7	21	可能危险	蓝
	快开盲板打开及维检修作业时开盲板前放空不彻底		3	1	7	21	可能危险	蓝
灼烫	动火作业时焊接产生的高温火花、焊渣	输气站内动火作业人员1人受伤	3	1	3	9	稍有危险	蓝
物体打击	引压管卡套崩脱导致人身伤害	输气站内工艺装置区正在进行作业人员1~2人伤亡	3	6	3	54	可能危险	蓝
	清管作业时，吊装作业钢丝绳、吊带断裂；吊装时光线昏暗、影响人员判断；吊装位置不合理；吊装作业无关人员进入吊装区域内；人员违章指挥和操作；液压小车操作不当等		3	1	7	21	可能危险	蓝

续表

事故类别	主要事故的成因分析	影响范围	风险评价					风险等级
			可能性 L	暴露于危险环境的频率 E	危险严重度 C	危险性 D	危险性程度	
机械伤害	对机泵进行检查修理时，使用工具有缺陷、使用中工具脱手；拆卸、安装、操作姿势不当；在拆卸零部件时，硬撬硬砸；多人动作配合不协调导致物体打击、碰撞或剐蹭等伤害	输气站内工艺装置区操作人员1人受伤	3	1	3	9	稍有危险	蓝
	设备附件，如压力仪表、阀门、盲板、爆裂管件碎片等在事故情况下可能造成危险区域人员受到伤害		1	0.5	3	1.5	稍有危险	蓝
起重伤害	吊装作业时吊臂超负荷工作、吊臂连接不牢固断裂、吊装作业钢丝绳、吊带断裂、吊车支架不稳定、吊装时光线昏暗影响人员判断、吊装位置不合理、无证操作与违章操作、检定超期、起重机械或起吊物体在运行或起吊过程中造成人身伤害	输气站内工艺装置区起重设备驾驶员、指挥人员1~3人伤亡	3	1	7	21	可能危险	蓝
	使用叉车等特种设备时钢丝绳断裂、吊装物品放置位置不合理、人员站位不当造成物体打击、叉车侧翻伤人		3	1	7	21	可能危险	蓝
容器爆炸	由于调节阀组故障、压力控制阀故障或升压设备下游阀门误关断等原因导致压力容器超压时引发爆炸事故	正在操作或维检修输气站内压力容器的人员1~2人伤亡	1	6	7	42	可能危险	蓝
其他爆炸	压力管道及设备超压严重时，发生物理爆炸	输气站内工艺装置区正在进行巡检工作人员1~2人伤亡	0.5	6	7	21	可能危险	蓝
	排污、放空操作时工艺流程操作错误导致管线、排污系统憋压；静密封失效等		3	1	7	21	可能危险	蓝

(2) 典型门站事故风险辨识与评估(表6-7)

表6-7　典型门站事故风险辨识与评估

事故类别	主要事故的成因分析	影响范围	风险评价					风险等级
			可能性 L	暴露于危险环境的频率 E	危险严重度 C	危险性 D	危险性程度	
火灾	天然气闪点低、易燃、易爆，站内设备、管线、阀门、法兰等发生泄漏，遇到火源(明火、静电火花、撞击火花、电火花等并达到点燃能量)，发生火灾爆炸	门站工艺装置区巡检工作人员1~3人伤亡	3	6	15	270	高度危险	橙
	在生产过程中，天然气在管线内流动、接触和分离时因摩擦可产生静电，行走、穿脱衣服时也可能产生静电。由于设备静电接地的失效不能使产生的静电导入大地，在静电荷积聚到放电的程度且放电能量大于可燃混合物的闪点时，导致火灾或爆炸事故		3	6	15	270	高度危险	橙
	排污池内可能存在可燃气体，在进行排污池转运或打开排污池盖时遇火花发生火灾爆炸事故		3	6	15	270	高度危险	橙
	发电机试运行、维护保养时，柴油泄漏，发电机房内使用非防爆设备，发生火灾、爆炸		3	6	15	270	高度危险	橙
	检修期间易造成判断失误，导致天然气泄漏，串入不应进入的系统，遇明火易引发火灾、爆炸事故		3	6	15	270	高度危险	橙
	站场动火作业前未进行气体置换检测、可燃气体置换不合格、工艺系统隔离不充分、工艺区动火违法操作规程、天然气串入动火管线，可能导致着火爆炸事件发生		3	6	15	270	高度危险	橙
	恐怖袭击导致管道或设备损坏，遇明火发生火灾爆炸		1	6	15	90	显著危险	黄
	违章用电、电气线路过载、电气线路绝缘损坏、电气设备老化、电气自动保护系统失效等引发火灾		3	6	7	126	显著危险	黄
	雷击引发的火灾爆炸事故		3	6	15	270	高度危险	橙
	高低压电气系统故障引发的火灾事故		3	6	7	126	显著危险	黄

续表

事故类别	主要事故的成因分析	影响范围	风险评价					风险等级
			可能性 L	暴露于危险环境的频率 E	危险严重度 C	危险性 D	危险性程度	
火灾	仪表故障可能导致泄漏的可燃气体不能被及时发现和处理，导致火灾爆炸事故	门站工艺装置区巡检工作人员 1～3 人伤亡	3	6	15	270	高度危险	橙
	当带压气体从设备、管线泄漏口形成喷射气流而产生静电火花立即起火，形成火球会危及设备、人员安全。高低压气体泄漏后与空气混合形成可燃蒸气云团，随风飘移遇明火时可能发生爆燃		3	6	15	270	高度危险	橙
	加臭剂泄漏遇明火、高热及强氧化剂易引起燃烧		3	6	7	126	显著危险	黄
坍塌	挖掘作业时放坡不够、边坡缺少支护、坑边堆土或承载重物、自然灾害等原因导致坍塌事故	门站挖掘作业的人员 1～3 人伤亡	6	1	15	90	显著危险	黄
	未对地下设施做安全防护		3	1	7	21	可能危险	蓝
	未对周边设施设备做临时支撑		6	1	7	42	可能危险	蓝
	未设置斜坡、台阶、支撑挡板等保护措施		6	1	15	90	显著危险	蓝
	作业坑内通风不足		6	1	7	42	可能危险	蓝
	脚手架作业时脚手架搭设不合格、违章操作、管件不规范堆放或者工器具随意丢弃		6	1	7	42	可能危险	蓝
触电	临时用电时，接线不规范、电缆裸露漏电、设备未接地、电线短路、人员违章操作	门站负责电气设备维检修人员 1～2 人伤亡	6	1	7	42	可能危险	蓝
	电动执行器维护保养和故障处理时，电动执行机构拆装时动力系统接线未断电，控制系统接线未断电		3	1	7	21	可能危险	蓝
	电气设备维检修作业前停电隔离错误或未隔离、操作前未验电、人员误操作，未按操作规程使用检测设备		3	1	7	21	可能危险	蓝
	维检修设备未放电或者放电不彻底		3	1	7	21	可能危险	蓝
	在变配电间倒闸操作时未按照要求佩戴劳保防护用品、未使用电气专用工具、六氟化硫气体泄漏、带负荷操作、未按工作票操作		3	3	7	63	可能危险	蓝

续表

事故类别	主要事故的成因分析	影响范围	风险评价					风险等级
			可能性 *L*	暴露于危险环境的频率 *E*	危险严重度 *C*	危险性 *D*	危险性程度	
触电	误操作、违反操作规程、电气设备存在安全隐患引发人员触电	门站负责电气设备维检修人员1~2人伤亡	3	1	7	21	可能危险	蓝
	绝缘失效后会产生放电现象		3	6	7	126	显著危险	黄
	电气线路老化、绝缘层失效、潮湿环境、非持证电工进行电气作业等情况下均可能导致人员触电		3	1	7	21	可能危险	蓝
高处坠落	在非承重物上直接作业或者搭建平台不牢固	在操作平台上的巡检、维检修人员1~2人伤亡	3	1	7	21	可能危险	蓝
	从事高处作业时安全防护不当		3	1	7	21	可能危险	蓝
	夜间作业光线不足		1	6	15	90	显著危险	黄
	人员从梯子上滑落		3	6	7	126	显著危险	黄
	高处作业时平台因固定不牢或未采取防护措施易发生人员坠落		3	1	7	21	可能危险	蓝
	工作平台上护栏高度不够、横杆净间距大于380mm、竖杆净间距小于1000mm，均是发生人员坠落事故的隐患		1	6	15	90	显著危险	黄
	在2m以上的作业面操作、检修作业中，未按规定使用安全带；雨雪冰冻天气踏板湿滑，沿梯频繁上下，易发生高处坠落		3	1	7	21	可能危险	蓝
中毒和窒息	人员进入容器（排污池）等有限空间作业内部清除异物、维修时，未按规定进行放空、置换、清洗、通风、检测，容器残存的有害气体，在通风不良的情况下会直接影响作业人员的身体健康，严重时可导致人员中毒事故发生	进入受限空间，如排污池的作业人员1~3人伤亡	6	0.5	7	21	可能危险	蓝
	有限空间作业时存在有毒有害气体，作业前未通风置换或置换不彻底		6	0.5	7	21	可能危险	蓝

续表

事故类别	主要事故的成因分析	影响范围	风险评价					风险等级
			可能性 L	暴露于危险环境的频率 E	危险严重度 C	危险性 D	危险性程度	
中毒和窒息	收发球作业、过滤器更换、压缩机保养等氮气置换导致管线崩脱，氮气置换过程中发生窒息，施救不当造成人员窒息	进入受限空间，如排污池的作业人员1~3人伤亡	3	1	7	21	可能危险	蓝
	快开盲板打开及维检修作业时开盲板前放空不彻底		3	1	7	21	可能危险	蓝
	加臭剂大量泄漏，可能导致人员中毒		3	6	7	126	显著危险	黄
灼烫	动火作业时焊接产生的高温火花、焊渣	门站动火作业人员1人受伤	3	1	3	9	稍有危险	蓝
物体打击	引压管卡套崩脱导致人身伤害	门站内工艺装置区作业人员1~2人伤亡	3	6	3	54	可能危险	蓝
	清管作业时，吊装作业钢丝绳、吊带断裂；吊装时光线昏暗、影响人员判断；吊装位置不合理；吊装作业无关人员进入吊装区域内；人员违章指挥和操作；液压小车操作不当等		3	1	7	21	可能危险	蓝
机械伤害	对机泵进行检查修理时，使用工具有缺陷、使用中工具脱手；拆卸、安装、操作姿势不当；在拆卸零部件时，硬撬硬砸；多人动作配合不协调导致物体打击、碰撞或剐蹭等伤害	门站内工艺装置区巡检或作业人员1~2人伤亡	3	1	3	9	稍有危险	蓝
	设备附件，如压力仪表、阀门、盲板、爆裂管件碎片等在事故情况下可能造成危险区域人员受到伤害		1	0.5	3	1.5	稍有危险	蓝
起重伤害	吊装作业时吊臂超负荷工作、吊臂连接不牢固断裂、吊装作业钢丝绳、吊带断裂、吊车支架不稳定、吊装时光线昏暗影响人员判断、吊装位置不合理、无证操作与违章操作、检定超期、起重机械或起吊物体在运行或起吊过程中造成人身伤害	起重设备驾驶人员或指挥人员等1~3人伤亡	3	1	7	21	可能危险	蓝
	使用行吊、叉车等特种设备时钢丝绳断裂、吊装物品放置位置不合理、人员站位不当造成物体打击、叉车侧翻伤人		3	1	7	21	可能危险	蓝

续表

事故类别	主要事故的成因分析	影响范围	风险评价					风险等级
			可能性 L	暴露于危险环境的频率 E	危险严重度 C	危险性 D	危险性程度	
淹溺	作业人员在消防水池日常维检修时不慎从水池掉进去	门站巡检人员 1 人伤亡	1	6	15	90	显著危险	黄
容器爆炸	由于调节阀组故障、压力控制阀故障或升压设备下游阀门误关断等导致压力容器超压时引发爆炸事故	巡检人员或作业人员 1~2 人伤亡	1	6	7	42	可能危险	蓝
	LNG 储罐隔热失效，罐内液化天然气气化成天然气后，压力过高，致使容器爆炸		1	6	15	90	显著危险	黄
其他爆炸	压力管道及设备超压严重时，发生物理爆炸	巡检人员或作业人员 1~2 人伤亡	0.5	6	7	21	可能危险	蓝
	排污、放空操作时工艺流程操作错误导致管线、排污系统憋压；静密封失效等		3	1	7	21	可能危险	蓝

(3) 典型 CNG 加气站事故风险辨识与评估(表 6-8)

表 6-8 典型 CNG 加气站事故风险辨识与评估

事故类别	主要事故的成因分析	影响范围	风险评价					风险等级
			可能性 L	暴露于危险环境的频率 E	危险严重度 C	危险性 D	危险性程度	
火灾	天然气闪点低、易燃、易爆，站内设备、管线、阀门、法兰等发生泄漏，遇到火源(明火、静电火花、撞击火花、电火花等并达到点燃能量)，发生火灾爆炸	加气站工艺装置区和加气装置区加气人员、巡检人员以及客户 1~9 人伤亡	3	6	15	270	高度危险	橙
	在生产过程中，天然气在管线内流动、接触和分离时因摩擦可产生静电，行走、穿脱衣服时也可能产生静电。由于设备静电接地的失效不能使产生的静电导入大地，在静电荷积聚到放电的程度且放电能量大于可燃混合物的闪点时，导致火灾或爆炸事故		3	6	15	270	高度危险	橙
	卸车管线固定不牢靠崩脱泄漏等接触静电火花		3	3	7	63	可能危险	蓝

事故类别	主要事故的成因分析	影响范围	风险评价					风险等级
			可能性 L	暴露于危险环境的频率 E	危险严重度 C	危险性 D	危险性程度	
火灾	发电机试运行、维护保养时，天然气泄漏，发电机房内使用非防爆设备，发生火灾、爆炸	加气站工艺装置区和加气装置区加气人员、巡检人员以及客户1~9人伤亡	3	6	15	270	高度危险	橙
	检修期间易造成判断失误，导致天然气泄漏，串入不应进入的系统，遇明火易引发火灾、爆炸事故		3	6	15	270	高度危险	橙
	站场动火作业前未进行气体置换检测、可燃气体置换不合格、工艺系统隔离不充分、工艺区动火违法操作规程、天然气串入动火管线，可能导致着火爆炸事件发生		3	6	15	270	高度危险	橙
	恐怖袭击导致管道或设备损坏，遇明火发生火灾爆炸		1	6	15	90	显著危险	黄
	违章用电、电气线路过载、电气线路绝缘损坏、电气设备老化、电气自动保护系统失效等引发火灾		3	6	7	126	显著危险	黄
	雷击引发的火灾爆炸事故		3	6	15	270	高度危险	橙
	高低压电气系统故障引发的火灾事故		3	6	7	126	显著危险	黄
	仪表故障可能导致泄漏的可燃气体不能被及时发现和处理，导致火灾爆炸事故		3	6	15	270	高度危险	橙
	卸车过程中，未静电接地或接地不规范，有天然气泄漏的情况下，可能发生火灾爆炸事故		3	3	15	135	显著危险	黄
	当带压气体从设备、管线泄漏口形成喷射气流而产生静电火花立即起火，形成火球会危及设备、人员安全。高低压气体泄漏后与空气混合形成可燃蒸气云团，随风飘移遇明火时可发生爆燃		3	6	15	270	高度危险	橙
坍塌	挖掘作业时放坡不够、边坡缺少支护、坑边堆土或承载重物、自然灾害等原因导致坍塌事故	进行加气站内挖掘作业的人员1~3人伤亡	6	1	15	90	显著危险	黄
	未对地下设施做安全防护		3	1	7	21	可能危险	蓝

续表

事故类别	主要事故的成因分析	影响范围	风险评价					风险等级
			可能性 L	暴露于危险环境的频率 E	危险严重度 C	危险性 D	危险性程度	
坍塌	未对周边设施设备做临时支撑	进行加气站内挖掘作业的人员 1～3 人伤亡	6	1	7	42	可能危险	蓝
	未设置斜坡、台阶、支撑挡板等保护措施		6	1	15	90	显著危险	黄
	作业坑内通风不足		6	1	7	42	可能危险	蓝
	脚手架作业时脚手架搭设不合格、违章操作、管件不规范堆放或者工器具随意丢弃		6	1	7	42	可能危险	蓝
触电	临时用电时，接线不规范、电缆裸露漏电、设备未接地、电线短路、人员违章操作	负责检维修电气设备的人员 1~2 人伤亡	6	1	7	42	可能危险	蓝
	电动执行器维护保养和故障处理时，电动执行机构拆装时动力系统接线未断电，控制系统接线未断电		3	1	7	21	可能危险	蓝
	电气设备维检修作业前停电隔离错误或未隔离、操作前未验电、人员误操作，未按操作规程使用检测设备		3	1	7	21	可能危险	蓝
	检维修作业前未进行能量隔离、维修设备带电		3	1	7	21	可能危险	蓝
	在变配电间倒闸操作时未按照要求佩戴劳保防护用品、未使用电气专用工具、带负荷操作、未按工作票操作		3	3	7	63	可能危险	蓝
	误操作、违反操作规程、电气设备存在安全隐患引发人员触电		3	1	7	21	可能危险	蓝
	绝缘失效后会产生放电现象		3	6	7	126	显著危险	黄
	电气线路老化、绝缘层失效、潮湿环境、非持证电工进行电气作业等情况下均可能导致人员触电		3	1	7	21	可能危险	蓝
高处坠落	在非承重物上直接作业或者搭建平台不牢固	操作平台上的操作人员、巡检人员 1～2 人伤亡	3	1	7	21	可能危险	蓝
	从事高处作业时安全防护不当		3	1	7	21	可能危险	蓝

<table>
<tr><th rowspan="2">事故类别</th><th rowspan="2">主要事故的成因分析</th><th rowspan="2">影响范围</th><th colspan="5">风险评价</th><th rowspan="2">风险等级</th></tr>
<tr><th>可能性 L</th><th>暴露于危险环境的频率 E</th><th>危险严重度 C</th><th>危险性 D</th><th>危险性程度</th></tr>
<tr><td rowspan="5">高处坠落</td><td>夜间作业光线不足</td><td rowspan="5">操作平台上的操作人员、巡检人员 1~2 人伤亡</td><td>1</td><td>6</td><td>15</td><td>90</td><td>显著危险</td><td>黄</td></tr>
<tr><td>人员从梯子上滑落</td><td>3</td><td>6</td><td>7</td><td>126</td><td>显著危险</td><td>黄</td></tr>
<tr><td>高处作业时平台因固定不牢或未采取防护措施易发生人员坠落</td><td>3</td><td>1</td><td>7</td><td>21</td><td>可能危险</td><td>蓝</td></tr>
<tr><td>工作平台上护栏高度不够、横杆净间距大于 380mm、竖杆净间距小于 1000mm，均是发生人员坠落事故的隐患</td><td>1</td><td>6</td><td>15</td><td>90</td><td>显著危险</td><td>黄</td></tr>
<tr><td>在 2m 以上的作业面操作、检修作业中，未按规定使用安全带；雨雪冰冻天气踏板湿滑，沿梯频繁上下，易发生高处坠落</td><td>3</td><td>1</td><td>7</td><td>21</td><td>可能危险</td><td>蓝</td></tr>
<tr><td rowspan="2">中毒和窒息</td><td>人员进入有限空间作业内部清除异物、维修时，未按规定进行放空、置换、清洗、通风、检测，容器残存的有害气体，在通风不良的情况下会直接影响作业人员的身体健康，严重时可导致人员中毒事故发生</td><td rowspan="2">进入受限空间作业人员 1~3 人伤亡</td><td>6</td><td>0.5</td><td>7</td><td>21</td><td>可能危险</td><td>蓝</td></tr>
<tr><td>压缩机保养等氮气置换导致管线崩脱，氮气置换过程中发生窒息，施救不当造成人员窒息</td><td>3</td><td>1</td><td>7</td><td>21</td><td>可能危险</td><td>蓝</td></tr>
<tr><td>灼烫</td><td>动火作业时焊接产生的高温火花、焊渣</td><td>加气站内动火作业人员 1~2 人伤亡</td><td>3</td><td>1</td><td>3</td><td>9</td><td>稍有危险</td><td>蓝</td></tr>
<tr><td rowspan="2">物体打击</td><td>引压管卡套崩脱导致人身伤害</td><td rowspan="2">加气站工艺装置区作业人员 1~2 人伤亡</td><td>3</td><td>6</td><td>3</td><td>54</td><td>可能危险</td><td>蓝</td></tr>
<tr><td>清管作业时，吊装作业钢丝绳、吊带断裂；吊装时光线昏暗、影响人员判断；吊装位置不合理；吊装作业无关人员进入吊装区域内；人员违章指挥和操作；液压小车操作不当等</td><td>3</td><td>1</td><td>7</td><td>21</td><td>可能危险</td><td>蓝</td></tr>
<tr><td rowspan="2">车辆伤害</td><td>加气车辆超速进站</td><td rowspan="2">加气站内加气装置区加气工作人员 1~3 人伤亡</td><td>3</td><td>6</td><td>7</td><td>126</td><td>显著危险</td><td>黄</td></tr>
<tr><td>车辆带病运行，如轮胎磨损刹车失灵等</td><td>3</td><td>6</td><td>7</td><td>126</td><td>显著危险</td><td>黄</td></tr>
</table>

续表

事故类别	主要事故的成因分析	影响范围	风险评价					风险等级
			可能性 L	暴露于危险环境的频率 E	危险严重度 C	危险性 D	危险性程度	
机械伤害	对机泵进行检查修理时，使用工具有缺陷、使用中工具脱手；拆卸、安装、操作姿势不当；在拆卸零部件时，硬撬硬砸；多人动作配合不协调导致物体打击、碰撞或剐蹭等伤害	加气站工艺装置区作业人员1~3人伤亡	3	1	3	9	稍有危险	蓝
	设备附件，如压力仪表、阀门、盲板、爆裂管件碎片等在事故情况下可能造成危险区域人员受到伤害		1	0.5	3	1.5	稍有危险	蓝
	压缩机维修保养时，风机或电机保养未完全下电；孔探作业探头放置位置不合理；盘车速度过快；探头固定不牢；孔探仪电源电压选择错误；盘车时人员站位不当；工器具使用不合理等		3	2	3	18	稍有危险	蓝
	空冷区、厂房通风机房皮带更换时因能量隔离不到位设备误启动、设备启动前未确认现场情况、拆装皮带时皮带轮转动误将工具或手指卷入		3	2	3	18	稍有危险	蓝
起重伤害	吊装作业时吊臂超负荷工作、吊臂连接不牢固断裂、吊装作业钢丝绳、吊带断裂、吊车支架不稳定、吊装时光线昏暗影响人员判断、吊装位置不合理、无证操作与违章操作、检定超期、起重机械或起吊物体在运行或起吊过程中造成人身伤害	起重设备驾驶人员、指挥人员1~3人伤亡	3	1	7	21	可能危险	蓝
	使用行吊、叉车等特种设备时钢丝绳断裂、吊装物品放置位置不合理、人员站位不当造成物体打击、叉车侧翻伤人		3	1	7	21	可能危险	蓝
容器爆炸	由于调节阀组故障、压力控制阀故障或升压设备下游阀门误关断等导致压力容器超压进而引发爆炸事故	工艺区巡检、作业人员1~3人伤亡	1	6	7	42	可能危险	蓝
	压缩天然气储罐压力过高，致使容器爆炸		1	6	15	90	显著危险	黄
其他爆炸	压力管道及设备超压严重时，发生物理爆炸	加气站工艺装置区巡检、作业人员1~3人伤亡	0.5	6	7	21	可能危险	蓝
	排污、放空操作时工艺流程操作错误导致管线、排污系统憋压；静密封失效；排污罐超压等		3	1	7	21	可能危险	蓝

(4) 典型 LNG 加气站事故风险辨识与评估(表 6-9)

表 6-9 典型 LNG 加气站事故风险辨识与评估

事故类别	主要事故的成因分析	影响范围	风险评价					风险等级
			可能性 L	暴露于危险环境的频率 E	危险严重度 C	危险性 D	危险性程度	
火灾	天然气闪点低、易燃、易爆，站内设备、管线、阀门、法兰等发生泄漏，遇到火源(明火、静电火花、撞击火花、电火花等并达到点燃能量)，发生火灾爆炸	加气站工艺装置区和加气装置区加气人员、巡检人员以及客户 1~9 人伤亡	3	6	15	270	高度危险	橙
	在生产过程中，天然气在管线内流动、接触和分离时因摩擦可产生静电，行走、穿脱衣服时也可能产生静电。由于设备静电接地的失效不能使产生的静电导入大地，在静电荷积聚到放电的程度且放电能量大于可燃混合物的闪点时，导致火灾或爆炸事故		3	6	15	270	高度危险	橙
	液化天然气泄漏后，流入排污池，可能进入市政排污，遇点火源发生火灾爆炸事故		3	6	15	270	高度危险	橙
	发电机试运行、维护保养时，天然气泄漏，发电机房内使用非防爆设备，发生火灾、爆炸		3	6	15	270	高度危险	橙
	检修期间易造成判断失误，导致天然气泄漏，串入不应进入的系统，遇明火易引发火灾、爆炸事故		3	6	15	270	高度危险	橙
	站场动火作业前未进行气体置换检测、可燃气体置换不合格、工艺系统隔离不充分、工艺区动火违法操作规程、天然气串入动火管线，可能导致着火爆炸事件发生		3	6	15	270	高度危险	橙
	恐怖袭击导致管道或设备损坏，遇明火发生火灾爆炸		1	6	15	90	显著危险	黄
	违章用电、电气线路过载、电气线路绝缘损坏、电气设备老化、电气自动保护系统失效等引发火灾		3	6	7	126	显著危险	黄
	雷击引发的火灾爆炸事故		3	6	15	270	高度危险	橙
	高低压电气系统故障引发的火灾事故		3	6	7	126	显著危险	黄

续表

事故类别	主要事故的成因分析	影响范围	风险评价					风险等级
			可能性 L	暴露于危险环境的频率 E	危险严重度 C	危险性 D	危险性程度	
火灾	仪表故障可能导致泄漏的可燃气体不能被及时发现和处理，导致火灾爆炸事故	加气站工艺装置区和加气装置区加气人员、巡检人员以及客户1~9人伤亡	3	6	15	270	高度危险	橙
	当带压气体从设备、管线泄漏口形成喷射气流而产生静电火花立即起火，形成火球会危及设备、人员安全。高低压气体泄漏后与空气混合形成可燃蒸气云团，随风飘移遇明火时可能发生爆燃		3	6	15	270	高度危险	橙
	卸车管线固定不牢靠崩脱泄漏等接触静电火花		3	3	7	63	可能危险	蓝
	卸车过程中，未静电接地或接地不规范，有液化天然气泄漏的情况下，可能发生火灾爆炸事故		3	3	15	135	显著危险	黄
	拆装压力表、温度计、温变等设备，使用非防爆工具产生火花，在有气体泄漏的情况下，可能发生火灾爆炸事故		3	1	15	45	可能危险	蓝
坍塌	挖掘作业时放坡不够、边坡缺少支护、坑边堆土或承载重物、自然灾害等导致坍塌事故	进行加气站内挖掘作业的人员1~3人伤亡	6	1	15	90	显著危险	黄
	未对地下设施做安全防护		3	1	7	21	可能危险	蓝
	未对周边设施设备做临时支撑		6	1	7	42	可能危险	蓝
	未设置斜坡、台阶、支撑挡板等保护措施		6	1	15	90	显著危险	黄
	作业坑内通风不足		6	1	7	42	可能危险	蓝
	脚手架作业时脚手架搭设不合格、违章操作、管件不规范堆放或者工器具随意丢弃		6	1	7	42	可能危险	蓝
触电	临时用电时，接线不规范、电缆裸露漏电、设备未接地、电线短路、人员违章操作	负责检维修电气设备的人员1~2人伤亡	6	1	7	42	可能危险	蓝
	电动执行器维护保养和故障处理时，电动执行机构拆装时动力系统接线未断电，控制系统接线未断电		3	1	7	21	可能危险	蓝

续表

<table>
<tr><th rowspan="2">事故类别</th><th rowspan="2">主要事故的成因分析</th><th rowspan="2">影响范围</th><th colspan="5">风险评价</th><th rowspan="2">风险等级</th></tr>
<tr><th>可能性 L</th><th>暴露于危险环境的频率 E</th><th>危险严重度 C</th><th>危险性 D</th><th>危险性程度</th></tr>
<tr><td rowspan="6">触电</td><td>电气设备维检修作业前停电隔离错误或未隔离、操作前未验电、人员误操作，未按操作规程使用检测设备</td><td rowspan="6">负责检维修电气设备的人员 1~2 人伤亡</td><td>3</td><td>1</td><td>7</td><td>21</td><td>可能危险</td><td>蓝</td></tr>
<tr><td>维检修设备未放电或者放电不彻底</td><td>3</td><td>1</td><td>7</td><td>21</td><td>可能危险</td><td>蓝</td></tr>
<tr><td>在变配电间倒闸操作时未按照要求佩戴劳保防护用品、未使用电气专用工具、六氟化硫气体泄漏、带负荷操作、未按工作票操作</td><td>3</td><td>3</td><td>7</td><td>63</td><td>可能危险</td><td>蓝</td></tr>
<tr><td>误操作、违反操作规程、电气设备存在安全隐患引发人员触电</td><td>3</td><td>1</td><td>7</td><td>21</td><td>可能危险</td><td>蓝</td></tr>
<tr><td>绝缘失效后会产生放电现象</td><td>3</td><td>6</td><td>7</td><td>126</td><td>显著危险</td><td>黄</td></tr>
<tr><td>电气线路老化、绝缘层失效、潮湿环境、非持证电工进行电气作业等情况下均可能导致人员触电</td><td>3</td><td>1</td><td>7</td><td>21</td><td>可能危险</td><td>蓝</td></tr>
<tr><td rowspan="7">高处坠落</td><td>在非承重物上直接作业或者搭建平台不牢固</td><td rowspan="7">操作平台上的操作人员、巡检人员 1~2 人伤亡</td><td>3</td><td>1</td><td>7</td><td>21</td><td>可能危险</td><td>蓝</td></tr>
<tr><td>从事高处作业时安全防护不当</td><td>3</td><td>1</td><td>7</td><td>21</td><td>可能危险</td><td>蓝</td></tr>
<tr><td>夜间作业光线不足</td><td>1</td><td>6</td><td>15</td><td>90</td><td>显著危险</td><td>黄</td></tr>
<tr><td>人员从梯子上滑落</td><td>3</td><td>6</td><td>7</td><td>126</td><td>显著危险</td><td>黄</td></tr>
<tr><td>高处作业时平台因固定不牢或未采取防护措施易发生人员坠落</td><td>3</td><td>1</td><td>7</td><td>21</td><td>可能危险</td><td>蓝</td></tr>
<tr><td>工作平台上护栏高度不够、横杆净间距过大、竖杆净间距过大，均是发生人员坠落事故的隐患</td><td>1</td><td>6</td><td>15</td><td>90</td><td>显著危险</td><td>黄</td></tr>
<tr><td>在 2m 以上的作业面操作、检修作业中，未按规定使用安全带；雨雪冰冻天气踏板湿滑，沿梯频繁上下，易发生高处坠落</td><td>3</td><td>1</td><td>7</td><td>21</td><td>可能危险</td><td>蓝</td></tr>
</table>

事故类别	主要事故的成因分析	影响范围	风险评价					风险等级
			可能性 L	暴露于危险环境的频率 E	危险严重度 C	危险性 D	危险性程度	
中毒和窒息	人员进入有限空间作业内部清除异物、维修时，未按规定进行放空、置换、清洗、通风、检测，容器残存的有害气体，在通风不良的情况下会直接影响作业人员的身体健康，严重时可导致人员中毒事故发生	进入受限空间作业人员1~3人伤亡	6	0.5	7	21	可能危险	蓝
灼烫	动火作业时焊接产生的高温火花、焊渣	加气站内动火作业人员1~2人伤亡	3	1	3	9	稍有危险	蓝
物体打击	引压管卡套崩脱导致人身伤害	加气站工艺装置区作业人员1~2人伤亡	3	6	3	54	可能危险	蓝
	吊装时光线昏暗影响人员判断，吊装位置不合理，吊装作业无关人员进入吊装区域内，人员违章指挥和操作等		3	1	7	21	可能危险	蓝
车辆伤害	加气车辆超速进站	加气站内加气装置区加气工作人员1~3人伤亡	3	6	7	126	显著危险	黄
	车辆带病运行，如轮胎磨损严重、刹车失灵等		3	6	7	126	显著危险	黄
机械伤害	对机泵进行检查修理时，使用工具有缺陷、使用中工具脱手；拆卸、安装、操作姿势不当；在拆卸零部件时，硬撬硬砸；多人动作配合不协调导致物体打击、碰撞或剐蹭等伤害	加气站工艺装置区作业人员1~3人伤亡	3	1	3	9	稍有危险	蓝
	设备附件，如压力仪表、阀门、盲板、爆裂管件碎片等在事故情况下可能造成危险区域人员受到伤害		1	0.5	3	1.5	稍有危险	蓝
起重伤害	吊装作业时吊臂超负荷工作、吊臂连接不牢固断裂、吊装作业钢丝绳、吊带断裂、吊车支架不稳定、吊装时光线昏暗影响人员判断、吊装位置不合理、无证操作与违章操作、检定超期、起重机械或起吊物体在运行或起吊过程中造成人身伤害	起重设备驾驶人员、指挥人员1~3人伤亡	3	1	7	21	可能危险	蓝
	使用叉车等特种设备时钢丝绳断裂、吊装物品放置位置不合理、人员站位不当造成物体打击、叉车侧翻伤人		3	1	7	21	可能危险	蓝

续表

事故类别	主要事故的成因分析	影响范围	风险评价					风险等级
			可能性 L	暴露于危险环境的频率 E	危险严重度 C	危险性 D	危险性程度	
容器爆炸	由于调节阀组故障、压力控制阀故障或升压设备下游阀门误关断等导致压力容器超压时引发爆炸事故	工艺区巡检、作业人员1~3人伤亡	1	6	7	42	可能危险	蓝
	LNG储罐隔热失效，罐内液化天然气气化成天然气后，压力过高，致使容器爆炸		1	6	15	90	显著危险	黄
其他爆炸	压力管道及设备超压严重时，发生物理爆炸	加气站工艺装置区巡检、作业人员1~3人伤亡	0.5	6	7	21	可能危险	蓝
	放空操作时工艺流程操作错误导致管线、静密封失效等		3	1	7	21	可能危险	蓝

(5) 典型LNG配气站事故风险辨识与评估(表6-10)

表6-10　典型LNG配气站事故风险辨识与评估

事故类别	主要事故的成因分析	影响范围	风险评价					风险等级
			可能性 L	暴露于危险环境的频率 E	危险严重度 C	危险性 D	危险性程度	
火灾	天然气闪点低、易燃、易爆，站内设备、管线、阀门、法兰等发生泄漏，遇到火源(明火、静电火花、撞击火花、电火花等并达到点燃能量)，发生火灾爆炸	配气站运维人员、巡检人员1~3人伤亡	3	6	15	270	高度危险	橙
	在生产过程中，天然气在管线内流动、接触和分离时因摩擦可产生静电，行走、穿脱衣服时也可能产生静电。由于设备静电接地的失效不能使产生的静电导入大地，在静电荷积聚到放电的程度且放电能量大于可燃混合物的闪点时，导致火灾或爆炸事故		3	6	15	270	高度危险	橙
	卸车过程中，未静电接地或接地不规范，有液化天然气泄漏的情况下，可能发生火灾爆炸事故		3	3	15	135	显著危险	黄
	检修期间易造成判断失误，导致天然气泄漏，串入不应进入的系统，遇明火易引发火灾、爆炸事故		3	6	15	270	高度危险	橙

续表

事故类别	主要事故的成因分析	影响范围	风险评价					风险等级
			可能性 L	暴露于危险环境的频率 E	危险严重度 C	危险性 D	危险性程度	
火灾	动火作业前未进行气体置换检测、可燃气体置换不合格、工艺系统隔离不充分、工艺区动火违反操作规程、天然气串入动火管线，可能导致着火爆炸事件发生	配气站运维人员、巡检人员 1~3 人伤亡	3	6	15	270	高度危险	橙
	恐怖袭击导致管道或设备损坏，遇明火发生火灾爆炸		1	6	15	90	显著危险	黄
	电气线路过载、电气线路绝缘损坏、电气设备老化等引发火灾		3	6	7	126	显著危险	黄
	雷击引发的火灾爆炸事故		1	10	15	150	显著危险	黄
	仪表故障可能导致泄漏的可燃气体不能被及时发现和处理，导致火灾爆炸事故		3	6	15	270	高度危险	橙
	当带压气体从设备、管线泄漏口形成喷射气流而产生静电火花立即起火，形成火球会危及设备、人员安全。高低压气体泄漏后与空气混合形成可燃蒸气云团，随风飘移遇明火时可发生爆燃		3	6	15	270	高度危险	橙
	电缆沟、排污沟围墙孔洞未封闭，在液化天然气泄漏的情况下，可能排出围墙，遇点火源发生火灾爆炸事故		3	6	15	270	高度危险	橙
	加臭剂泄漏遇明火、高热及强氧化剂易引起燃烧		3	6	7	126	显著危险	黄
触电	临时用电时，接线不规范、电缆裸露漏电、设备未接地、电线短路、人员违章操作	电气设备维检修人员 1~2 人伤亡	6	1	7	42	可能危险	蓝
	电气设备维检修作业前停电隔离错误或未隔离、操作前未验电、人员误操作，未按操作规程使用检测设备		3	1	7	21	可能危险	蓝
	维检修设备未放电或者放电不彻底		3	1	7	21	可能危险	蓝
	在变配电间倒闸操作时未按照要求佩戴劳保防护用品、未使用电气专用工具、带负荷操作、未按工作票操作		3	1	7	21	可能危险	蓝

续表

事故类别	主要事故的成因分析	影响范围	风险评价					风险等级
			可能性 L	暴露于危险环境的频率 E	危险严重度 C	危险性 D	危险性程度	
触电	误操作、违反操作规程、电气设备存在安全隐患引发人员触电	电气设备维检修人员 1~2 人伤亡	3	1	7	21	可能危险	蓝
	电气线路老化、绝缘层失效、潮湿环境、非持证电工进行电气作业等情况下均可能导致人员触电		3	1	7	21	可能危险	蓝
中毒和窒息	液化天然气大量泄漏，可能导致人员窒息或中毒	配气站工艺装置区巡检人员 1~2 人伤亡	1	6	7	42	可能危险	蓝
	加臭剂大量泄漏，可能导致人员中毒		1	6	7	42	可能危险	蓝
灼烫	动火作业时焊接产生的高温火花、焊渣	配气站动火作业人员 1~2 人受伤	3	1	3	9	稍有危险	蓝
物体打击	引压管卡套崩脱导致人身伤害	配气站工艺装置区作业人员 1~2 人伤亡	3	6	3	54	可能危险	蓝
	吊装时光线昏暗影响人员判断；吊装位置不合理；吊装作业无关人员进入吊装区域内；人员违章指挥和操作等		3	1	7	21	可能危险	蓝
机械伤害	设备附件，如压力仪表、阀门、爆裂管件碎片等在事故情况下可能造成危险区域人员受到伤害	配气站工艺装置区作业人员 1~2 人伤亡	1	0.5	3	1.5	稍有危险	蓝
起重伤害	吊装作业时吊臂超负荷工作、吊臂连接不牢固断裂、吊装作业钢丝绳、吊带断裂、吊车支架不稳定、吊装时光线昏暗影响人员判断、吊装位置不合理、无证操作与违章操作、检定超期、起重机械或起吊物体在运行或起吊过程中造成人身伤害	配气站工艺装置区起重设备驾驶人员、指挥人员等 1~3 人伤亡	3	1	7	21	可能危险	蓝
	使用叉车等特种设备时钢丝绳断裂、吊装物品放置位置不合理、人员站位不当造成物体打击、叉车侧翻伤人		3	1	7	21	可能危险	蓝

续表

事故类别	主要事故的成因分析	影响范围	风险评价					风险等级
			可能性 L	暴露于危险环境的频率 E	危险严重度 C	危险性 D	危险性程度	
容器爆炸	LNG 储罐隔热失效，罐内液化天然气气化成天然气后，压力过高，致使容器爆炸	配气站压力容器操作人员、巡检人员 1~2 人伤亡	1	6	15	90	显著危险	黄
其他爆炸	压力管道及设备超压严重时，发生物理爆炸	配气站工艺装置区操作人员、巡检人员 1~2 人伤亡	1	6	7	42	可能危险	蓝
	放空操作时工艺流程操作错误导致管线爆炸		1	6	15	90	显著危险	黄

(6) 典型输气管道事故风险辨识与评估(表 6-11)

表 6-11 典型输气管道事故风险辨识与评估

事故类别	主要事故的成因分析	影响范围	风险评价					风险等级
			可能性 L	暴露于危险环境的频率 E	危险严重度 C	危险性 D	危险性程度	
火灾	管道发生天然气泄漏，天然气与空气混合形成爆炸性气体，达到爆炸极限或遇点火源就会发生火灾爆炸事故	长输管道线路附近(高后果区)居民	3	6	15	270	高度危险	橙
	管道经过的地区人口众多，人的因素对管道的影响较大，车辆在管道上方长时间行驶或者进行公路维修、城市公用管道的维修等活动都会对管道造成一定的安全威胁，一旦发生事故，导致大量天然气泄漏，遇周边的点火源发生火灾爆炸事故		3	6	15	270	高度危险	橙
	城市地下设施包括排污管道、雨水管道、自来水管道、燃气管道、热力管道以及电缆沟等与管道交叉较多，一旦管道发生泄漏串入并聚集到以上管道中，遇点火源发生火灾爆炸事故		3	6	15	270	高度危险	橙
	管道周边建构筑物建设时，挖掘机等大型机械设备较多，可能在施工过程中挖断管道，造成管道破坏，发生漏气，遇点火源发生火灾爆炸事故		3	6	15	270	高度危险	橙

续表

事故类别	主要事故的成因分析	影响范围	风险评价					风险等级
			可能性 L	暴露于危险环境的频率 E	危险严重度 C	危险性 D	危险性程度	
机械伤害	管道近距离内机械施工、管道维抢修作业容易发生机械伤害	管道检维修人员1~2人伤亡	3	1	7	21	可能危险	蓝
触电	测试桩位于高压线(或其他高压电器)附近，测试桩带电	管道沿线测试桩维检修人员1~2人伤亡	3	6	7	126	显著危险	黄
车辆伤害	在巡线过程中，遭遇极端天气(如：大雨，沙尘暴)、路况较差、巡线道路复杂时(冰冻、湿滑)、夜间行车，车辆操作不当可能发生挤、压、碰、撞或倾覆等伤害事故	管道巡线人员1~2人伤亡	3	6	7	126	显著危险	黄
起重伤害	吊装作业时吊臂超负荷工作、吊臂连接不牢固断裂、吊装作业钢丝绳、吊带断裂、吊车支架不稳定、吊装时光线昏暗影响人员判断、吊装位置不合理、无证操作与违章操作、检定超期、起重机械或起吊物体在运行或起吊过程中造成人身伤害	管道吊装点作业人员1~2人伤亡	3	1	7	21	可能危险	蓝
坍塌	挖掘作业：挖掘作业时未对地下设施做安全防护、未对周边设施设备做临时支撑；未设置斜坡、台阶、支撑挡板等保护措施	管道挖掘作业作业人员1~2人伤亡	3	1	7	21	可能危险	蓝
	管道埋深要求在冻土层以下，管沟开挖深，因此在开挖过程中，若施工单位对地质特性认识不足以及防护措施不当等，可能出现坍塌事故		3	1	7	21	可能危险	蓝
淹溺	巡线人员在管道穿越河流或在管道与河流并行处日常巡线时不慎掉进河流	管道穿越河流处巡检人员1~2人伤亡	3	3	15	135	显著危险	黄
其他爆炸	压力管道超压严重时，发生物理爆炸	管道巡检人员1~2人伤亡	1	6	7	42	可能危险	蓝

（7）城镇管网事故风险辨识与评估（表6–12）

表6–12　城镇管网事故风险辨识与评估

事故类别	主要事故的成因分析	影响范围	风险评价					风险等级
			可能性 L	暴露于危险环境的频率 E	危险严重度 C	危险性 D	危险性程度	
火灾	城市地下设施包括排污管道、雨水管道、自来水管道、燃气管道、热力管道以及电缆沟等与管道交叉较多，一旦管道发生泄漏串入并聚集到以上管道中，遇点火源发生火灾爆炸事故	城镇燃气管道及周边建筑物居民1～30人伤亡	3	6	15	270	高度危险	橙
	管道周边建构筑物建设时，挖掘机等大型机械设备较多，可能在施工过程中挖断管道，造成管道破坏，发生漏气，遇点火源发生火灾爆炸事故		3	6	15	270	高度危险	橙
机械伤害	管道近距离内机械施工、管道维抢修作业容易发生机械伤害	管道检维修点作业人员1～2人伤亡	3	1	7	21	可能危险	蓝
车辆伤害	在巡线过程中，遭遇极端天气（如：大雨，沙尘暴）、路况较差、巡线道路复杂时（冰冻、湿滑）、夜间行车，车辆操作不当可能发生挤、压、碰、撞或倾覆等伤害事故	管道巡线人员1～2人伤亡	3	6	7	126	显著危险	黄
坍塌	挖掘作业：挖掘作业时未对地下设施做安全防护、未对周边设施设备做临时支撑；未设置斜坡、台阶、支撑挡板等保护措施	管道挖掘作业的人员1～2人伤亡	3	1	7	21	可能危险	蓝
	管道埋深要求在冻土层以下，管沟开挖深，因此在开挖过程中，若施工单位对地质特性认识不足及防护措施不当等，可能出现坍塌事故		3	1	7	21	可能危险	蓝
其他爆炸	压力管道超压严重时，发生物理爆炸	管道巡检人员1～2人伤亡	1	6	7	42	可能危险	蓝

(8) 危险化学品运输事故风险辨识与评估(表 6-13)

表 6-13　危险化学品运输事故风险辨识与评估

事故类别	主要事故的成因分析	影响范围	风险评价					风险等级
			可能性 L	暴露于危险环境的频率 E	危险严重度 C	危险性 D	危险性程度	
火灾	罐体阀门故障，引起介质泄漏，遇点火源，发生火灾爆炸事故	车辆、驾驶员及沿线人员 1~20 人伤亡	3	6	15	270	高度危险	橙
	罐体未按要求检测，罐体质量问题导致介质泄漏，遇点火源，发生火灾爆炸事故		3	6	15	270	高度危险	橙
	车辆缺陷未及时维护，引起介质泄漏，遇点火源，发生火灾爆炸事故		3	6	15	270	高度危险	橙
	天气炎热，温度高，罐体隔热效果不好的情况下，可能使液化天然气气化，管内形成高压，可能发生介质泄漏，遇点火源，发生火灾爆炸事故		3	6	15	270	高度危险	橙
	驾驶员无证、对路况不熟悉、不按操作规程操作等致使发生交通事故，可能导致介质泄漏，遇点火源，发生火灾爆炸事故		3	6	15	270	高度危险	橙
	车辆途经人口密集区，发生火灾爆炸		3	6	15	270	高度危险	橙
容器爆炸	天气炎热，温度高，罐体隔热效果不好的情况下，可能使液化天然气气化，罐内形成高压，严重时可发生容器爆炸	车辆驾驶、押运人员 1~2 人伤亡	3	6	15	270	高度危险	橙
车辆伤害	驾驶员无证驾驶	车辆驾驶、押运人员 1~2 人伤亡	1	6	7	42	可能危险	蓝
	驾驶员酒驾、醉驾		1	6	7	42	可能危险	蓝
	车辆超速等违章驾驶		3	6	7	126	显著危险	黄

(9) 工程建设事故风险辨识与评估(表 6-14)

表 6-14　工程建设事故风险辨识与评估

事故类别	主要事故的成因分析	影响范围	风险评价					风险等级
			可能性 L	暴露于危险环境的频率 E	危险严重度 C	危险性 D	危险性程度	
火灾	新建工程在建设过程中和已建工程发生交叉，施工过程中可能影响已建管道，天然气泄漏，引起火灾、爆炸事故	与已建工程交叉点作业人员 1~5 人伤亡	3	6	15	270	高度危险	橙
坍塌	挖掘作业：挖掘作业时未对地下设施做安全防护、未对周边设施设备做临时支撑；未设置斜坡、台阶、支撑挡板等保护措施	挖掘作业人员 1 ~ 2 人伤亡	3	6	15	270	高度危险	橙
	管道埋深要求在冻土层以下，管沟开挖深，因此在开挖过程中，若施工单位对地质特性认识不足及防护措施不当等，可能出现坍塌事故		3	6	15	270	高度危险	橙
触电	误操作、违反操作规程、电气设备存在安全隐患引发的人员触电	维检修人员 1~2 人伤亡	6	6	7	252	高度危险	橙
高处坠落	高处作业时作业人员有高处作业禁忌证(如，高血压、心脏病、眩晕和突发性昏厥疾病)；违章作业，未佩戴安全防护用具(如安全带)，可能造成高处坠落，导致人员伤亡	作业人员 1~2 人伤亡	3	6	15	270	高度危险	橙
中毒和窒息	天然气泄漏可导致中毒窒息事故	作业人员 1~2 人伤亡	3	6	7	126	显著危险	黄
	有毒气体浓度超标、氧气含量不足、呼吸器失效、作业时间过长		3	6	7	126	显著危险	黄
	存在有毒有害气体、作业前未通风置换或置换不彻底导致中毒、窒息		3	6	7	126	显著危险	黄
灼烫	施工作业时，作业人员接触高温设备，容易发生烫伤	作业人员 1~2 人受伤	3	6	7	126	显著危险	黄
物体打击	检维修上、下交叉作业安全措施不当，安全设施不规范、个人防护用品使用不当、物体坠落、倾倒等造成物体打击伤害	施工现场作业人员 1 ~ 2 人伤亡	6	6	7	252	高度危险	橙
	物体(工具、零件等)使用或放置不当，易从高处落下；高处作业时工具抛掷或高处物件未固定牢固而坠落等会引起物体打击伤害		6	6	7	252	高度危险	橙

续表

事故类别	主要事故的成因分析	影响范围	风险评价					风险等级
			可能性 L	暴露于危险环境的频率 E	危险严重度 C	危险性 D	危险性程度	
车辆伤害	施工作业过程中，在使用机动车辆运送人员或材料时，发生车辆伤害	施工现场作业人员 1～2 人伤亡	3	6	7	126	显著危险	黄
机械伤害	作业人员接触机、泵等机械设备，若其防护罩等防护设施不完善，可能发生人员夹击、绞伤、碰伤事故	施工现场作业人员 1～2 人伤亡	3	6	7	126	显著危险	黄
起重伤害	施工作业过程中，实施吊装作业，由于作业人员违章操作等发生起重伤害	施工现场作业人员 1～2 人伤亡	3	6	15	270	高度危险	橙
淹溺	河流穿越工程施工过程中存在淹溺伤害	施工现场作业人员 1～2 人伤亡	3	6	7	126	显著危险	黄

（10）检维修作业事故风险辨识与评估（表 6-15）

表 6-15　检维修作业事故风险辨识与评估

事故类别	主要事故的成因分析	影响范围	风险评价					风险等级
			可能性 L	暴露于危险环境的频率 E	危险严重度 C	危险性 D	危险性程度	
火灾	新建工程在建设过程中和已建工程发生交叉，施工过程中可能影响已建管道，天然气泄漏，引起火灾、爆炸事故	与已建工程交叉点作业人员 1~5 人伤亡	3	6	15	270	高度危险	橙
坍塌	挖掘作业：挖掘作业时未对地下设施做安全防护、未对周边设施设备做临时支撑；未设置斜坡、台阶、支撑挡板等保护措施	挖掘作业现场作业人员 1~2 人伤亡	3	6	15	270	高度危险	橙
	管道埋深要求在冻土层以下，管沟开挖深，因此在开挖过程中，若施工单位对地质特性认识不足及防护措施不当等，可能出现坍塌事故		3	6	15	270	高度危险	橙
触电	误操作、违反操作规程、电气设备存在安全隐患引发的人员触电	作业现场带电设备维检修人员 1～2 人伤亡	6	6	7	252	高度危险	橙

续表

事故类别	主要事故的成因分析	影响范围	风险评价					风险等级
			可能性 L	暴露于危险环境的频率 E	危险严重度 C	危险性 D	危险性程度	
高处坠落	高处作业时作业人员有高处作业禁忌证(如，高血压、心脏病、眩晕和突发性昏厥疾病)；违章作业，未佩戴安全防护用具(如安全带)，可能造成高处坠落，导致人员伤亡	作业平台作业人员 1~2 人伤亡	3	6	15	270	高度危险	橙
中毒和窒息	天然气泄漏可导致中毒窒息事故	与已建工程交叉点作业人员 1~2 人伤亡	3	6	7	126	显著危险	黄
	有毒气体浓度超标、氧气含量不足、呼吸器失效、作业时间过长		3	6	7	126	显著危险	黄
	存在有毒有害气体、作业前未通风置换或置换不彻底导致中毒、窒息		3	6	7	126	显著危险	黄
灼烫	施工作业时，作业人员接触高温设备，容易发生烫伤	施工现场高温设备作业人员 1~2 人受伤	3	6	7	126	显著危险	黄
物体打击	检维修上、下交叉作业安全措施不当，安全设施不规范、个人防护用品使用不当、物体坠落、倾倒等造成物体打击伤害	施工现场作业人员 1~2 人伤亡	6	6	7	252	高度危险	橙
	物体(工具、零件等)使用或放置不当，易从高处落下；高处作业时工具抛掷或高处物件未固定牢固而坠落等会引起物体打击伤害		6	6	7	252	高度危险	橙
车辆伤害	施工作业过程中，在使用机动车辆运送人员或材料时，发生车辆伤害	施工现场作业人员 1~2 人伤亡	3	6	7	126	显著危险	黄
机械伤害	作业人员接触机、泵等机械设备，若其防护罩等防护设施不完善，可能发生人员夹击、绞伤、碰伤事故	施工现场作业人员 1~2 人伤亡	3	6	7	126	显著危险	黄
起重伤害	施工作业过程中，实施吊装作业，由于作业人员违章操作等导致起重伤害	施工现场作业人员 1~2 人伤亡	3	6	15	270	高度危险	橙
淹溺	河流穿越工程施工过程中存在淹溺伤害	河流穿越处作业人员 1~2 人伤亡	3	6	7	126	显著危险	黄

6.3 门站应急预案

6.3.1 基本要求

依据 GB/T 29639—2020《生产经营单位生产安全事故应急预案编制导则》的有关规定，生产经营单位应急预案编制程序包括成立应急预案编制工作组、资料收集、风险评估、应急资源调查、应急预案编制、桌面推演、应急预案评审和批准实施等步骤。

（1）成立应急预案编制工作组

结合本单位职能和分工，成立以单位有关负责人为组长，单位相关部门人员（如生产、技术、设备、安全、行政、人事、财务人员）参加的应急预案编制工作组，明确工作职责和任务分工，制订工作计划，组织开展应急预案编制工作。预案编制工作组中应邀请相关救援队伍以及周边相关企业、单位或社区代表参加。

（2）资料收集

应急预案编制工作组应收集下列相关资料：

① 适用的法律法规、部门规章、地方性法规和政府规章、技术标准及规范性文件；

② 企业周边地质、地形、环境情况及气象、水文、交通资料；

③ 企业现场功能区划分、建（构）筑物平面布置及安全距离资料；

④ 企业工艺流程、工艺参数、作业条件、设备装置及风险评估资料；

⑤ 本企业历史事故与隐患、国内外同行业事故资料；

⑥ 属地政府及周边企业、单位应急预案。

（3）风险评估

开展生产安全事故风险评估，撰写评估报告（编制大纲参见 GB/T 29639—2020 附录 A），其内容包括但不限于：辨识生产经营单位存在的危险有害因素，确定可能发生的生产安全事故类别；分析各种事故类别发生的可能性、危害后果和影响范围；评估确定相应事故类别的风险等级。

（4）应急资源调查

全面调查和客观分析本单位以及周边单位和政府部门可请求援助的应急资源状况，撰写应急资源调查报告（编制大纲参见 GB/T 29639—2020 附录 B），其内容包括但不限于：

① 本单位可调用的应急队伍、装备、物资、场所；

② 针对生产过程及存在的风险可采取的监测、监控、报警手段；

③ 上级单位、当地政府及周边企业可提供的应急资源；

④ 可协调使用的医疗、消防、专业抢险救援机构及其他社会化应急救援力量。

（5）应急预案编制

应急预案编制应当遵循以人为本、依法依规、符合实际，注重实效的原则，以应急处置为核心，体现自救互救和先期处置的特点，做到职责明确、程序规范、措施科学，尽可能简明化、图表化、流程化。应急预案编制格式和要求参见 GB/T 29639—2020 附录 C。

应急预案编制工作包括但不限于：

① 依据事故风险评估及应急资源调查结果，结合本单位组织管理体系、生产规模及处置特点，合理确立本单位应急预案体系。

② 结合组织管理体系及部门业务职能划分，科学设定本单位应急组织机构及职责分工。

③ 依据事故可能的危害程度和区域范围，结合应急处置权限及能力，清晰界定本单位的响应分级标准，制定相应层级的应急处置措施。

④ 按照有关规定和要求，确定事故信息报告、响应分级与启动、指挥权移交，警戒疏散方面的内容，落实与相关部门和单位应急预案的衔接。

（6）桌面推演

按照应急预案明确的职责分工和应急响应程序，结合有关经验教训，相关部门及其人员可采取桌面演练的形式，模拟生产安全事故应对过程，逐步分析讨论并形成记录，检验应急预案的可行性，并进一步完善应急预案。桌面演练的相关要求见 AQ/T 9007。

（7）应急预案评审和批准实施

应急预案编制完成后，生产经营单位应按法律法规有关规定组织评审或论证。参加应急预案评审的人员可包括有关安全生产及应急管理方面的、有现场处置经验的专家。应急预案论证可通过推演的方式开展。

应急预案评审内容主要包括：风险评估和应急资源调查的全面性、应急预案体系设计的针对性、应急组织体系的合理性、应急响应程序和措施的科学性、应急保障措施的可行性、应急预案的衔接性。

通过评审的应急预案，由生产经营单位主要负责人签发实施。

6.3.2 其他注意事项

（1）门站内实行 24h 值班制度，场站认真执行调度中心的指令。

（2）场站值班人员每小时巡检一次，并做好相应的记录。

（3）留意观看各种设备的运行状况，觉察运行参数波动，特别现象应及时向站长、调度中心及上级领导汇报。

（4）事故处理程序：场站内工作人员在巡检时发现管线及设备事故，首先要实施应急措施，并向调度中心汇报实施的应急措施，并做好现场安全警戒工作。

（5）场站内管线设备的漏气，首先实行紧急措施，并通过紧急切断阀切断气源，关闭上下游阀门，同时向调度中心及上级领导汇报。

（6）场站内认真做好电气设备的检修及维保工作。如遇到应急状况时应及时切断电源，马上查明缘由并进行检修，必要时与供电部门联系。不能超负荷运行，不能带电操作。

（7）确保站内燃气报警设施敏感牢靠，报警准确。

（8）值班人员在巡检时，要对工艺区的全部管线设备及仪器仪表进行检查，发现隐患应及时处理。在冬季用气顶峰时，要随时观看压力、流量的变化状况是否处于正常工作状态。（如：调压器电伴热是否良好，调压器前后压力是否正常，流量计是否计量准确，高、中压处出站压力是否在设定的范围内，巡检完毕后认真填写，做好记录。场站内觉察问题如无法处理，应及时向调度中心及上级领导汇报，并由抢险队组织力量进行抢修。场站内值班人员要严格执行调度指令进行操作，不得随便切换工艺流程，其他人员除经值班人员同意，严禁操作工艺区任何设备。)

(9) 运行岗位 24h 坚守岗位，不能产生松懈麻痹思想，按规定时间认真填写数值参数，准时准确地向调度中心汇报进展。

(10) 加强运行参数的分析，熟悉输气管道的运行参数的运行范围(如：压力要在设定范围内，流量也要在测量范围内进行计量)。假设觉察运行参数超常，要及时了解状况，采取相应措施并及时向调度中心汇报。

(11) 加强修理班设备的预防性检查、验漏、日常维护修理工作，使设备始终处于完好状态，保证修理抢修任务的顺利完成。设备台账做到场站的修理工具完好，设备齐全，专人集中式治理，随调随用。熟悉设备操作、维护、修理规程，加强修理人员的技术比武，提高业务素养，工作力量；定期进行抢修演练和技术比武，提升对各种事故的预防和抢修救灾技能。

6.4 门站应急演练

以某燃气公司事故应急预案演练为例。

(1) 事故应急预案演练目的

为了促使生产经营取得良好的安全效益，不断提升燃气有限公司门站处置突发事故的指挥能力和联动应急响应机制，特制定此方案。

(2) 事故应急预案演练适用范围

本方案针对燃气有限公司门站内部应急力量进行事故应急救援预案演练。在实施过程中，统一指挥、突出重点、讲究实效，保证人员和环境安全。

(3) 指导思想

遵循“先控制、后消灭”和“救人第一”的应急救援指导思想，科学指挥、组织严密、措施得当、控制有效，努力减少事故损失和次生灾害的发生。

(4) 单位概况

该燃气有限公司门站建于××路北段，南侧是××。站内有 1 座钢架罩棚：1 座压缩机厂房；3 台 CNG 压缩机、2 台 CNG 脱水设备、4 台加气柱，门站内有橇装工艺输气设备一套，分三路向母站和城区管网输气。

(5) 演练时间

20××年×月××日 8:30

(6) 演练地点

××××燃气有限公司门站门站工艺区。

(7) 事故应急救援预案演练指挥部

总指挥：××

副总指挥：××

应急指挥部下设：生产组、抢修组、警戒组、监测组、医疗救援组

生产组：××、××、××

抢修组：××、××

警戒组：××、××、××

监测组：××

医疗救援组：××、××

（8）演练具体要求

① 凡参加演练人员统一穿工服；

② 所有应急小组人员戴安全帽；

③ 凡进场人员严禁携带火种，严禁在演练场所内随意走动、接打电话、喧哗，一切行动听指挥。

（9）演练流程

① 在门站入口处集合，总指挥进行演练前讲话。

② 讲话结束，各组人员各就各位(在母站控制室等候)，观摩领导留在门站入口处等候观摩。

③ 总指挥宣布演练开始。

④ 进行演练流程：

a. 发生事故的应急响应；

b. 现场处置。

⑤ 在门站入口处集合，总指挥进行演练总结讲评。

⑥ 参加观摩领导讲评。

⑦ 总指挥宣布演练结束。

6.5 门站应急处置

为及时、有序、高效、妥善地处理可能发生在市区的燃气安全事故，最大限度地减轻事故灾害和损失，保障人民群众生命财产安全，维护社会稳定，根据《中华人民共和国突发事件应对法》《中华人民共和国安全生产法》《中华人民共和国消防法》《生产安全事故报告和调查处理条例》等法律法规以及《××市突发公共事件总体应急预案》的规定，结合市区燃气行业实际情况制定预案。

6.5.1 指导思想、基本原则和适用范围

指导思想：坚持“安全第一、预防为主、防消结合”的方针，真正体现以人为本，以最快的速度、最大的效能，有序地实施安全事故救援，最大限度地减少人员伤亡和财产损失，把事故危害降到最低点，维护社会安全和稳定。

基本原则：统一指挥，分工明确，分级负责，行动迅速，单位自救与社会救援相结合。

适用范围：市区范围内可能发生的因燃气泄漏、燃气设施火灾、爆炸等引起的安全事故适用本预案。各地和有关单位要根据实际，制定相应预案。

6.5.2　燃气安全事故分类

① 燃气企业主要储存设施发生严重泄漏；

② 液化石油气(LPG)或液化天然气(LNG)槽车发生严重泄漏或严重交通事故；

③ 运载大量液化石油气实瓶的车辆在商业街区、居住密集区发生燃气泄漏或交通事故，严重危及安全；

④ 由于燃气泄漏造成火灾、爆炸事故导致人员伤亡和重大财产损失；

⑤ 商业街区、居住密集区燃气管道泄漏，严重危及安全。

6.5.3　事故分级

燃气安全事故按照其性质、严重程度、可控性和影响范围等因素一般分为四级：Ⅰ级(特别重大级)，Ⅱ级(重大级)，Ⅲ级(较大)和Ⅳ级(一般)。

特别重大燃气事故(Ⅰ级)

凡符合下列情形之一的，为特别重大燃气事故：

(1) 造成5万户以上(“以上”包括本数，“以下”不包括本数，下同)居民连续停止供气48h以上；

(2) 造成30人以上死亡，或100人以上中毒(重伤)；

(3) 因自然灾害导致燃气泄漏，紧急疏散、转移群众10万人以上；

(4) 燃气设施(储罐、输气管道)爆炸并严重泄漏，或装置失控，发生严重火灾，直接经济损失在1亿元以上；

(5) 燃气储运中发生泄漏污染，造成交通中断48h以上、72h以下。

重大燃气事故(Ⅱ级)

凡符合下列情形之一的，为重大燃气事故：

(1) 造成3万户以上、5万户以下居民连续停止供气24h以上；

(2) 造成10人以上、30人以下死亡，或50人以上、100人以下中毒(重伤)；

(3) 因自然灾害导致燃气泄漏，紧急疏散、转移群众5万人以上、10万人以下；

(4) 燃气设施发生燃气泄漏，导致火灾，直接经济损失在5000万元以上、1亿元以下；

(5) 燃气储运中发生泄漏污染，造成交通中断24h以上、48h以下。

较大燃气事故(Ⅲ级)

凡符合下列情形之一的，为较大燃气事故：

(1) 造成1万户以上、3万户以下居民连续停止供气12h以上、24h以下；

(2) 造成3人以上，10人以下死亡，或50人以下中毒(重伤)；

(3) 因自然灾害造成燃气设施受损，给人民群众生产、生活带来较大影响，直接经济损失在1000万元以上、5000万元以下。

一般燃气事故(Ⅳ级)

凡符合下列情形之一的，为一般燃气事故：

(1) 发生1000户以上、1万户以下居民连续停止供气12h以上、24h以下；

(2) 发生3人以下死亡，或20人以下中毒(轻伤)；

(3) 发生燃气用户使用事故或爆燃、爆炸事故，直接经济损失在1000万元以下。

6.5.4 应急救援组织及职责

成立市区燃气安全事故应急救援领导小组(现场指挥部)，下设办公室、专家组、抢险救援组、后勤保障组、警戒保卫组、事故调查组等相关组织机构，发出燃气安全事故响应后，相关组织机构立即启动。

燃气安全事故应急救援领导小组主要职责：

① 负责市区在发生燃气安全事故时，迅速按预案的要求，组织市公安局、市公安消防局、市应急管理局、市城管局、市市场监督管理局等部门和事发地政府的相关领导组成燃气安全事故应急救援现场指挥部，履行现场指挥的各项职责。

② 组织成立市区燃气安全事故处理专家组，并在发生燃气安全事故时，召集有关专家到现场为抢险救灾、事故调查工作提供技术支援。

③ 组织成立一支能应对燃气安全事故的市区燃气事故机动抢险救灾队伍，并经常对其进行检查督促、指导，确保做到“召之即来、来之能战”。

领导小组由分管副市长任组长，市政府相关副秘书长和市城管局、公安消防局主要负责人任副组长，市区政府和市发展改革、城管、经贸、公安、卫生、市场监督、应急管理、消防、供电等部门的有关负责人为成员。领导小组办公室设在市城管局，由市城管局分管安全。

第7章 展　望

7.1 “双碳”背景下新能源的现状及展望

在“双碳”目标(即碳达峰与碳中和)的背景下，新能源产业迎来了前所未有的发展机遇，同时也面临着诸多挑战。

7.1.1 现状

(1) 政策支持力度加大

中国明确提出2030年碳达峰、2060年碳中和的目标，各级政府出台了一系列支持新能源发展的政策，包括补贴、税收优惠、绿色金融等。

“十四五”规划将新能源列为重点发展领域，明确了风电、光伏、氢能等产业的发展目标。

(2) 新能源装机规模快速增长

截至2023年，中国风电、光伏发电装机容量均位居全球第一。风电装机容量超过4×10^{8}kW,光伏装机容量超过5×10^{8}kW。

新能源发电量占比逐年提升，已成为电力系统的重要组成部分。

(3) 技术进步显著

光伏发电成本持续下降，风电设备效率不断提升，储能技术(如锂电池、氢能储能)取得突破。

新能源与数字化技术(如智能电网、能源互联网)深度融合，提升了能源利用效率。

(4) 产业链日趋完善

中国已形成完整的新能源产业链，从上游原材料(如多晶硅、稀土)到中游设备制造(如光伏组件、风机)，再到下游应用(如电动汽车、分布式能源)，均具备全球竞争力。

(5) 挑战依然存在

消纳问题：新能源发电的波动性和间歇性对电网稳定性提出了挑战。

储能瓶颈：大规模储能技术尚未完全成熟，制约了新能源的进一步发展。

资源分布不均：风能、太阳能资源主要集中在西部和北部，而用电负荷中心在东部，导致远距离输电压力大。

7.1.2 展望

(1) 新能源将成为能源主体

预计到2030年，新能源在一次能源消费中的占比将大幅提升，风电、光伏发电量有望超过煤电。

氢能、生物质能等新兴能源将逐步实现商业化应用。

(2) 储能技术迎来爆发式增长

随着锂电池、固态电池、液流电池等技术的突破，储能成本将进一步下降，储能规模将大幅提升，为新能源消纳提供支撑。

氢能储能作为长时储能的重要方向，未来有望在工业、交通等领域广泛应用。

(3) 智能电网与能源互联网加速发展

智能电网将实现新能源发电、储能、用电的协同优化，提升能源利用效率。

能源互联网将推动能源生产、传输、消费的数字化和智能化，形成多能互补的能源系统。

(4) 国际合作进一步加强

中国将通过“一带一路”倡议加强与其他国家在新能源领域的合作，推动技术、设备、标准的国际化。

全球能源转型将为中国新能源企业带来更多市场机会。

(5) 绿色金融助力新能源发展

绿色债券、碳交易等金融工具将为新能源项目提供资金支持，推动产业可持续发展。

7.1.3 重点领域展望

在“双碳”目标的推动下，新能源产业正处于快速发展阶段，未来将成为能源体系的主导力量。技术进步、政策支持、市场需求的共同作用将为新能源带来广阔的发展空间，同时也需要解决消纳、储能、成本等方面的挑战。中国有望在全球能源转型中发挥引领作用，为全球气候治理和可持续发展作出重要贡献。重点领域展望如下：

(1) 光伏发电

光伏发电成本将进一步下降，分布式光伏将成为重要增长点。

钙钛矿电池、异质结电池等新型光伏技术有望实现商业化应用。

(2) 风电

海上风电将成为未来发展的重点，漂浮式风电技术将逐步成熟。

陆上风电将向低风速区域扩展，风机大型化趋势明显。

(3) 氢能

绿氢(通过可再生能源制氢)将成为氢能发展的主流方向。

氢能在交通、化工、钢铁等领域的应用将逐步扩大。

(4) 电动汽车与储能

电动汽车的普及将推动动力电池技术的进步，并带动储能产业的发展。

车网互动(V2G)技术将实现电动汽车与电网的双向能量流动。

7.2 天然气发展与展望

2023 年，世界经济缓慢复苏，国际地缘政治形势动荡演变，全球能源供需格局进一步调整重塑，能源价格整体回落，能源绿色低碳转型机遇和挑战并存。中国天然气消费中高速增长，供应能力持续增强，发展质量和韧性进一步提升。

2024 年，是深入实施“四个革命、一个合作”能源安全新战略第十年。过去十年，中国天然气行业不断完善产供储销体系，扎实推进体制机制改革和市场建设，天然气产供储销各环节均实现翻番式增长，行业保供稳价成效显著。未来中国天然气行业将继续深入贯彻能源安全新战略，强化供应保障能力，完善市场体系与制度建设，激发行业新质生产力潜能，努力实现更高水平、更高质量的发展，为保障国家能源安全和绿色低碳转型，加快新型能源体系建设提供强有力支撑。

7.2.1 国外天然气发展形势

（1）天然气消费恢复增长，区域市场持续分化

2023 年，世界天然气消费量 $4.01\times10^{12}m^3$，同比增速由上年的−0.4%增至 0.1%，主要受国际气价大幅回升、全球经济增长动能不足、替代能源利用增加、冬季气温偏暖等因素综合影响。

（2）勘探开发投资保持增长，产量增速回升

2023 年，全球油气勘探开发投资支出 5687 亿美元，较上年增加 546 亿美元，增幅 10.6%。世界天然气产量 $4.06\times10^{12}m^3$，同比增长 0.3%。全球新发现气田 88 个，新增储量 $1.08\times10^{12}m^3$，新发现气田个数和储量创近 5 年新低；世界天然气剩余探明可采储量 $192\times10^{12}m^3$。

（3）基础设施建设平稳推进

2023 年，全球在役天然气管道总里程 136×10^4km，主要分布在北美、欧洲、亚太、俄罗斯−中亚、中国，管道里程分别为 55×10^4km、24×10^4km、22×10^4km、21×10^4km、12×10^4km；在建管道 6.76×10^4km。全球在役地下储气库 783 座，总工作气量 $4290\times10^8m^3$。全球 LNG 接收站进入投产高峰期，2023 年新增接卸能力 $6840\times10^4t/a$，总接卸能力达 $10.7\times10^8t/a$。全球 LNG 接收站平均利用率 41.6%。

（4）天然气价格高位回落，经济性明显增强

2023 年，全球天然气市场供需趋于宽松，国际气价恢复至乌克兰危机前水平，但欧亚气价仍处相对历史高位。

（5）天然气发电加快发展，与新能源协同作用加强

随着新能源消费比重的增加，燃气电厂作为灵活调峰电源的作用将更加突出。美国计划 2035 年实现 100%清洁电力，清洁能源发电占比将由 44%提升至 71%，煤电机组加速退役，天然气发电在电力系统中的调峰作用进一步显现，装机有望进一步增加。德国政府计划新建 1000×10^4kW 燃气电厂用于发电调峰，支撑可再生能源发电占比由 60%左右提升至

2030 年的 80%，并持续退出核电、煤电，目前已与欧盟委员会就新建电厂的融资框架达成一致。亚洲新兴市场发展气电满足不断增长的电力需求，如越南政府发布电力政策草案，鼓励发展天然气发电项目。

7.2.2 国内天然气发展形势

(1) 天然气消费重回快速增长，消费规模再创新高

2023 年，国民经济回升向好，市场调节作用增强，用气结构持续优化，多能互补成效初显，市场需求较快增长。全年天然气消费量 $3945\times10^8m^3$，增量 $282\times10^8m^3$，同比增长 7.6%；天然气在一次能源消费总量中占比 8.5%。LNG 重卡销量爆发式增长，居民生活、采暖用气稳定增加；工业燃料用气较快恢复，同比增长 8%，占比 42%，主要受工业生产提速，轻工、冶炼、机械等传统产业持续向好，锂电池、光伏板等新动能成长壮大等因素影响；发电用气同比增长 7%，占比 17%，新增气电装机超过 1000×10^4kW，总装机规模达到 1.3×10^8kW，气电顶峰保供能力显著增强，在迎峰度夏、冬季保供中发挥重要作用；化工化肥用气基本稳定，占比 8%。分省看，广东、安徽、重庆等 10 个省(区、市)消费增速超过 10%，广东消费量超过 $380\times10^8m^3$，江苏消费量连续 3 年保持在 $300\times10^8m^3$ 以上，北京、河北、山东和四川消费量处于 $(200\sim300)\times10^8m^3$。

(2) 勘探开发持续发力，增储上产成效显著

2023 年，国内天然气勘探取得一系列重大成果，陆上超深层、深水、非常规气勘探取得重大突破，在塔里木、四川、鄂尔多斯等盆地发现多个千亿立方米级大气区。塔里木盆地雄探 1 井在 6000m 以深井段获高产；四川盆地寒武系深层页岩气取得突破；鄂尔多斯盆地深层煤层气发现千亿立方米级大气区，开辟了新的增储领域；渤海南部潜山带成功发现大型整装超亿吨油气田。全国天然气(含页岩气、煤层气)新增探明地质储量 $1.2\times10^{12}m^3$。全国天然气产量 $2324\times10^8m^3$，同比增长 5.6%，增量 $123\times10^8m^3$，连续 7 年增产超百亿立方米。非常规天然气产量突破 $960\times10^8m^3$，占天然气总产量的 43%，成为增储上产重要增长极。

(3) 管道气进口较快增长，LNG 进口增速由负转正

2023 年，全国进口天然气 $1656\times10^8m^3$，同比增长 9.9%，主要进口来源包括土库曼斯坦、澳大利亚、俄罗斯、卡塔尔等国。管道气进口量 $671\times10^8m^3$，同比增长 6.2%。LNG 进口量 $984\times10^8m^3$，同比增长 12.6%。

(4) 基础设施加快建设，储气能力进一步提升

2023 年，全国长输天然气管道总里程 12.4×10^4km(含地方及区域管道并校核)，建成长输管道里程超 4000km。全年新增储气能力 $76\times10^8m^3$。

(5) 关键核心技术取得突破，自主创新能力有效提升

稳步推进深层超深层、深水超深水勘探战略，勘探开发、工程技术及装备制造取得新突破。自主研发的全球首套 12000m 特深井自动化钻机在塔里木盆地投入使用；自主装备的“海经”系统在南海完成 3000m 超深水海域地震勘探作业，自主设计建造的亚洲首艘圆筒型海上油气加工厂“海洋石油 122”和亚洲第一深水导管架“海基二号”建造完成。自主研发

的超大规模复杂天然气管网离线仿真技术投入试验应用，首套自研天然气在线气质分析装备完成全部工业性试验并发布。

7.2.3 天然气展望

十年来，政策推动中国天然气行业快速发展，用气结构和能源结构持续优化。消费规模实现翻番，结构优化效果显著。

十年来，大力提升国内天然气勘探开发力度，储量产量保持高峰增长。供应保障能力显著提升，国产气“压舱石”作用夯实。

十年来，勘探开发理论与技术、工程技术与装备创新取得新突破，为我国油气增储上产提供了有力保障。科技创新持续突破，有力支撑产业转型升级。

十年来，国家从顶层设计出发，稳步出台改革政策，统筹配套政策落地，加快推进天然气市场化改革，“放开两头，管住中间”的天然气管理体制和运营机制改革迈出关键一步。油气体制改革进一步深化，市场体系建设扎实推进。

十年来，坚持“引进来”与“走出去”相结合，全方位加强天然气国际合作，深度参与全球能源治理，逐步构建开放条件下的天然气供应安全体系。国际合作全方位加强，深度参与全球能源治理。

随着天然气市场持续复苏向好，未来天然气行业将深入践行能源安全新战略，继续加大增储上产力度，持续推进产供储销体系建设，加速天然气与新能源融合发展，更好统筹高质量发展和高水平安全，筑牢能源安全保障的根基。在新一轮油气市场化改革方向指引下，持续推进天然气行业的高质量健康发展。

7.2.4 天然气门站的市场前景

（1）市场需求分析

① 天然气门站主要服务于工业、商业和居民用户。随着工业化进程的加快和城市化进程的推进，天然气需求逐渐增加，门站市场需求也相应增长。

② 天然气门站在工业生产中具有重要作用，可为企业提供稳定的天然气供应，减少能源成本，提高生产效率。同时，门站还可以提供天然气加气服务，满足交通运输等领域的需求。

（2）技术条件分析

① 天然气门站的建设和运营需要一定的技术条件支持，包括天然气输送、计量、调压等技术。同时，门站还需要具备安全、环保等要求，保障用户和环境的安全。

② 目前，天然气门站技术水平较高，可以实现自动化运行和远程监控。利用先进的技术手段和设备，可以确保门站的稳定运行和高效服务。

（3）经济效益分析

① 天然气门站的建设和运营需要一定的投资成本，但其带来的经济效益较大。通过门站可以实现高效分配和利用天然气资源，提高能源利用效率，降低能源成本，促进经济增长。

② 同时，门站还可以为周边地区带来就业机会，促进地方经济发展。通过门站运营，可创造更多的就业机会，提升当地居民的生活质量。

（4）市场前景分析

① 随着天然气需求不断增长和政府对清洁能源的支持，天然气门站市场前景广阔。未来，门站将继续发挥重要作用，为能源转型和碳减排作出贡献。

② 此外，随着技术的不断进步和市场竞争的加剧，门站行业将面临更多的机遇和挑战。企业应加强技术研发和市场营销，提高竞争力，实现可持续发展。

（5）建议

① 加强政策支持。政府应出台相关扶持政策，引导企业加大对门站建设和运营的投入，促进行业发展。

② 提高技术水平。企业应加强技术研发和创新，提高门站运行的自动化和智能化水平，提高服务质量和效率。

③ 加强安全监管。企业应加强门站运营的安全管理，定期进行设备检查和维护，确保用户和环境的安全。

④ 拓展市场渠道。企业应不断完善营销策略，开拓更多的市场渠道，提高市场竞争力，实现企业的可持续发展。

综上所述，天然气门站作为天然气供应链的重要组成部分，具有广阔的市场前景和发展潜力。通过加强技术研发、提高服务质量和拓展市场渠道，门站行业将迎来更多的机遇和挑战，为清洁能源的发展和社会经济的进步作出贡献。

参 考 文 献

[1] 李猷嘉. 天然气输配工程[M]. 北京：中国建筑工业出版社，2018.

[2] 刘燕，等. 城镇燃气门站与调压站技术手册[M]. 北京：化学工业出版社，2020.

[3] 王启，等. 燃气供应系统运行维护与安全管理[M]. 北京：机械工业出版社，2021.